蓝耳病：仔猪张口呼吸

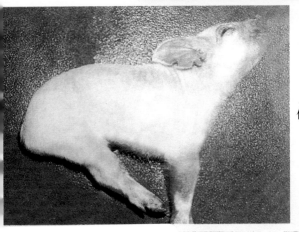

伪狂犬病：仔猪呈观星状

伪狂犬病：仔猪角弓反张

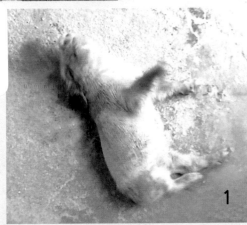

1

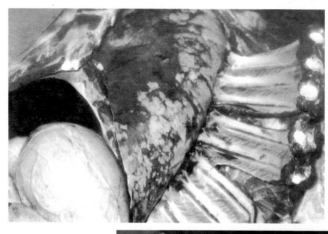

断奶后全身消耗性综合征：肺炎

仔猪副伤寒：生长受阻，成为僵猪

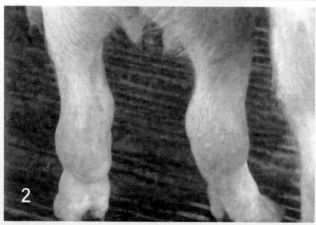

仔猪链球菌病：关节肿胀

2

仔猪传染性胃肠炎：
仔猪呕吐

仔猪传染性胃肠炎：腹泻

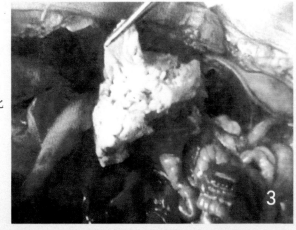

仔猪白痢：胃内未消化
的凝乳块

3

仔猪猪瘟：脾脏
出血性梗死

仔猪猪瘟：膀胱
点状出血

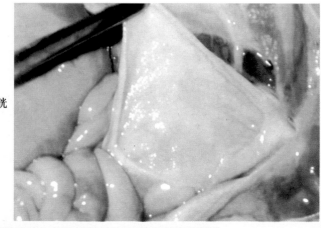

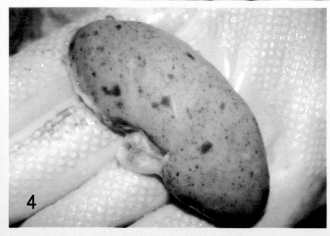

仔猪猪瘟：肾脏
点状出血

4

仔猪疾病防治

初 秀 郑红梅 编著

金盾出版社

内 容 提 要

本书由中国农业科学院哈尔滨兽医研究所初秀副研究员等编著。内容包括仔猪的消化生理特点及其疾病防治原则,仔猪传染病、寄生虫病、代谢病、中毒病和普通病的防治。共介绍了102种仔猪常见疾病的发生特点、临床症状、病理变化、诊断和防治措施。内容丰富,资料翔实,通俗易懂。本书可供养猪户、养猪场工作人员、畜牧兽医工作者和农业院校相关专业师生阅读参考。

图书在版编目(CIP)数据

仔猪疾病防治/初秀,郑红梅编著 .—北京:金盾出版社, 2005.7

ISBN 978-7-5082-3657-5

Ⅰ.仔… Ⅱ.①初…②郑… Ⅲ.仔猪-猪病-防治 Ⅳ. S858.28

中国版本图书馆 CIP 数据核字(2005)第 053992 号

金盾出版社出版、总发行

北京太平路 5 号(地铁万寿路站往南)
邮政编码:100036 电话:68214039 83219215
传真:68276683 网址:www.jdcbs.cn
彩色印刷:北京 2207 工厂
黑白印刷:京南印刷厂
装订:桃园装订厂
各地新华书店经销
开本:787×1092 1/32 印张:6.875 彩页:4 字数:149 千字
2010 年 8 月第 1 版第 6 次印刷
印数:66001—74000 册 定价:11.00 元

前　言

自从改革开放以来,我国的养猪业迅速发展,已向规模化、集约化、工厂化的方向迈进。广大农村在普养的基础上,出现了一大批养猪专业户,一些城市大搞菜篮子工程,也建了不少工厂化养猪场。目前,我国出现了国有、集体、个体养猪的新局面。所以,我国猪肉供应充足,市场更加繁荣。

但在养猪生产中,也存在不少问题。除了需加强饲养管理、饲料供应、推广良种外,对疾病防治也应予高度重视。猪的发病和死亡,大多在仔猪阶段。由于仔猪体质弱,免疫力低下,对疾病易感性高,抵抗力差,所以,仔猪的发病率和死亡率均较成年猪高。因此,必须重视仔猪疾病的防治工作。为此,我们收集了国内外的有关科研成果和防病经验,编写了《仔猪疾病防治》一书。本书内容丰富,通俗易懂,实用性强。可供广大农村养猪户和养猪场及基层畜牧兽医工作者阅读、参考。

本书分六章,共介绍了 102 种病。其中传染病 50 个,寄生虫病 15 个,代谢病 11 个,中毒病 10 个,普通病 16 个。主要讲述仔猪疾病的发生特点、临床症状、病理变化、诊断方法和防治措施。我们期望本书的问世,能对我国养猪业的发展、农民养猪致富奔小康起到积极的作用。

由于编著者水平有限,错误之处在所难免,恳请广大读者和有关专家、学者多提宝贵意见,以便再版时修改补充,使其日臻完善。

编著者

2005 年 3 月

目　　录

第一章 仔猪的消化生理特点及其疾病防治原则

一、仔猪的消化生理特点

(一)新陈代谢旺盛,生长发育快

仔猪出生时的体重不到成年猪的1‰,但生长发育迅速。如10日龄时可达初生重的2倍以上,30日龄为5～6倍,60日龄达10～15倍或更多。由于生长发育快,所以物质代谢旺盛。如20日龄的仔猪,每千克体重增重需要蛋白质9～14克,相当于成年猪的30～35倍,需代谢能302.1千焦,为成年猪的3倍。矿物质代谢,每千克体重增重需要钙7～9克,磷4～5克,均高于成年猪。

(二)消化系统不完善,消化功能弱

仔猪胃肠重量轻,容积小。仔猪初生时胃重只有4～8克,仅为体重的0.44%,只为成年猪的10%。只能容纳乳汁25～50克,到20日龄时,胃重增长到35克左右,胃容积扩大3～4倍。初生时小肠重20克,只为成年猪小肠重的1.5%。在哺乳期内小肠长度约增长5倍,容积增长50～60倍。13～15月龄时才接近成年猪的水平。大肠在哺乳期容积为每千克体重30～40毫升,断奶后迅速增长到90～100毫升。再有,消化酶系统发育不全,初生时乳糖酶活性高,4～5周龄降到低限。

3～4周龄时,蔗糖、果糖和麦芽糖酶活性才能达到高峰。凝乳酶初生时活性较高,1～2周龄时达高峰,以后下降。胃蛋白酶、胰蛋白酶分别在8周龄和3～4周龄活性才迅速增加。蛋白分解酶活性状况决定了早期断奶仔猪对植物性蛋白质饲料不能很好消化。仔猪胃中酸性低,缺乏游离盐酸。一般在20日龄左右开始有少量的游离盐酸产生,以后随日龄增加而增加。整个哺乳期胃液酸度在 0.005%～0.15% 之间,总酸度中 1/2 为结合酸,而成年猪的结合酸只占总酸度的 1%。仔猪至少在 2～3月龄时,盐酸分泌才能接近成年猪的水平。由于仔猪胃酸低,不仅降低了胃液的杀菌作用,而且限制了消化道的运动和消化功能。仔猪的胃排空速度快,3～15日龄时为 1.5 小时,1月龄时为 3～5 小时,2月龄时为 16～19 小时。

(三)免疫功能差,抗病力弱

由于仔猪在胚胎期多数的母源免疫抗体不能通过胎盘传递给胎儿,所以,初生仔猪没有先天免疫力。生后的仔猪只能靠吃母乳,尤其是吃初乳而获得母源抗体才能得到被动免疫力。一般仔猪在 1～2 周龄前,主要靠母乳获得抗体,到 6 周龄后才能自身合成抗体。2～6 周龄为被动免疫向主动免疫的过渡期。

(四)体温调节力低,体质弱

仔猪刚生下时体温为 30℃～32℃,主要靠皮毛、肌肉颤抖,竖毛运动和挤堆来调节体温。由于仔猪毛稀、皮下脂肪少,隔热能力差,再加上活力不强,所以不能维持恒定体温。另外,仔猪大脑皮质发育不全,协调能力差。当物理调节不能调节体温时,虽然体内也能通过甲状腺素、肾上腺素等的分泌物来提高物质代谢水平，主要是提高脂肪和糖类的氧化来增加产热，但效率很低，尤其是 6 日龄前。只有到 20 日龄以后，才能得到完善的体温调节功能。因此，仔猪体质弱，耐寒性差。

二、仔猪疾病防治原则

（一）加强护理，提高仔猪的抵抗力

由于仔猪消化系统发育不健全，消化功能弱；免疫器官发育不完善，免疫功能差，抗病力弱；体温调节能力低，体质弱；生长发育快，新陈代谢旺盛等，所以，要加强护理，尤其是冬、春产仔季节，一定要做好防寒保暖工作，防止仔猪挤堆、压死、冻死。要让每个仔猪都能吃上奶，吃足奶，尤其是初乳。如果母猪奶水不足或乳头少，可找其他母猪代养或人工哺乳。

（二）做好免疫预防工作，提高仔猪的抗病力

由于仔猪免疫功能差，抗病力弱，所以，对仔猪一定要加强免疫，按着每个病的免疫程序，按时注射疫（菌）苗。如仔猪刚生下时，一定要吃上初乳，通过初乳可获得母源抗体，提高免疫力。如猪瘟弱毒疫苗，仔猪 20 日龄首免，60 日龄进行二免。仔猪白痢、黄痢基因工程菌苗，在母猪分娩前 15～25 天口服免疫，仔猪生下后可获得免疫力，增加抗病能力。

（三）对猪舍和猪体消毒，消灭环境中的病原体

由于仔猪体质弱，抗病力不强，容易受到病原体的侵袭。所以，对仔猪舍在进猪前和进猪后都要进行彻底清扫和消毒，以减少传染病的发生。对仔猪舍的粪便及污物每天要及时清

除,放于离猪舍较远的地方堆放发酵处理。同时对地面、用具、工作服等定期进行消毒,以消灭猪舍中的病原体,切断传染病的传播途径。冬季要防寒保暖,夏季要消灭猪舍内的蚊、蝇等吸血节肢动物。

(四)注意防治代谢病,增强仔猪的抵抗力

仔猪由于消化功能不全,抗病能力差,常发生一些代谢病,如仔猪硒缺乏症、仔猪缺铁性贫血等。如不及时补硒和补铁,不仅使仔猪抗病力降低,而且易患一些传染病,如仔猪黄痢、仔猪白痢、仔猪红痢等。仔猪出生时体内铁的总量为40～50毫克,以后每天增长需7毫克,到第三周龄开始吃料前,共需200毫克,而仔猪每天从母乳中只能得到1毫克。所以,仔猪在10日龄时易发生缺铁性贫血。再有,由于母猪在妊娠期或哺乳期饲料营养不全,或用低硒饲料后引起仔猪缺硒和缺维生素E而常发生白肌病,尤其是1～3月龄或断奶后的育成猪多发。因此,在仔猪出生后应进行补硒和补铁。

总之,只有坚持上述4项基本准则,才能控制仔猪疾病的发生,增强仔猪的体质,提高抗病力和成活率,保障仔猪健康地成长。

第二章 仔猪传染病的防制

一、仔猪病毒病

（一）传染性胃肠炎

仔猪传染性胃肠炎是由冠状病毒所引起仔猪的一种高度接触性消化道传染病。本病的特征为呕吐，水样腹泻，脱水。病死率高。

【流行特点】 本病的发生有明显的季节性，在冬季和初春多发，1月份为发病高峰期。多为暴发性、地方性、周期性流行。本病感染各年龄的猪，以10日龄以内的仔猪发病率高、病死率为100％，断奶仔猪、育肥猪和成年猪发病较轻。病猪和带毒猪是主要传染源。狗、猫、狐狸等均为贮主，而狗排出的病毒对猪也有感染性。受感染母猪的乳汁也可排出病毒，并能感染哺乳仔猪。病猪和健康猪直接接触及病猪通过呼吸道排出病毒，以气溶胶状态感染健康猪。病猪和带毒猪通过粪便排出病毒，污染饲料、饮水、空气和用具，经过口、鼻感染传播。仔猪发病率、病死率均高。

【临床症状】 仔猪潜伏期最短为12～19小时，成年猪为2～4天。仔猪的典型症状是突然发生呕吐，接着发生急剧的水样腹泻，粪便中含有凝乳块，粪便腥臭，呈黄绿色或灰色，有时为白色。病初体温升高，腹泻后下降。病猪很快脱水，口渴，食欲减退或拒食，消瘦。病程2～7天死亡。

【病理变化】 严重脱水,眼结膜苍白,消瘦。主要病变在消化道,尤其是胃和小肠。胃粘膜充血或出血,胃大弯粘膜淤血,胃膨胀、内充满凝乳块。小肠膨满,肠壁弛缓、菲薄、呈半透明。小肠内容物为黄色、透明泡沫状液体,含有凝乳块。回肠、空肠粘膜面肠绒毛萎缩、变短是本病的特征性病变。

【诊　断】　①根据本病的流行情况、临床症状,尤其是10日龄以内的仔猪呕吐、腹泻、脱水及胃肠病变,可初步确诊。但应进行病原检查。②采取病死猪小肠做冰冻切片或用小肠粘膜抹片,风干后用丙酮固定,进行荧光抗体染色,水洗,镜检,可见到绿色荧光。③取2～3日龄未吃初乳的仔猪喂消毒牛奶,将病死猪小肠及其内容物制成悬液,每毫升加青霉素2 000单位,链霉素2 000微克,在常温下放置1小时,然后接种试验仔猪,如果发生腹泻,再取小肠做免疫荧光检测。④血清学检查可用酶联免疫吸附试验、血清中和试验、间接荧光抗体试验、被动血凝试验检测本病,效果均好。⑤本病应与猪流行性腹泻、猪轮状病毒感染、仔猪白痢、仔猪黄痢、仔猪红痢、仔猪副伤寒和猪痢疾做鉴别诊断。

【防　制】

1. 预防　①加强饲养管理,搞好清洁卫生和消毒工作。不要从疫区和病猪场引进猪只。如必须从外地引进种猪或仔猪,应进行隔离检疫,确认无病后方可混群。坚持自繁自养的原则,严防将本病传入场内。对于猪舍地面、运动场上的粪便及污物要及时清除,同时定期对地面、用具、工作服等进行彻底消毒。②对于已发病的猪场,要立即封锁隔离,限制人员往来。用生石灰、碱性消毒剂对猪舍地面、用具等进行严格消毒。由于狗、猫、狐狸体内带有本病毒,尤其是狗排出的病毒能感染猪。所以,猪舍严禁狗、猫、狐狸入内。③预防本病发生,最好进行免疫注射。哈尔滨兽医研究所研制的猪传染性胃肠炎弱毒疫苗,生产实践证明安全有效、无副作用。用其给怀孕母猪产前45天和15天各注射1次,肌内或鼻内接种1毫升。仔猪出生后可从乳汁中获得保护性母源抗体,被动保护率达95%以上。为方便现场应用,该所还研制出猪传染性胃肠炎与猪轮状病毒二联灭活疫苗,猪传染性胃肠炎与猪流行性腹泻二联氢氧化铝疫苗,打一针可预防两种传染病。

2. 治疗 ①本病目前尚无有效的治疗方法,只有采取对症治疗。②为预防细菌的继发感染,可用庆大霉素、黄连素、氟哌酸、环丙沙星、恩诺沙星、制菌磺等进行治疗。为预防脱水和酸中毒,可取氯化钠3.5克,氯化钾1.5克,碳酸氢钠2.5克,葡萄糖20克,水1000毫升,配成溶液,让猪自由饮服。③仔猪每头取桂圆壳15克,加水200毫升,煎汁至50毫升左右,去渣候温胃管灌服,或拌料喂服,每天2次,轻者1天、重者2~3天可愈。

(二)流行性腹泻

仔猪流行性腹泻是由流行性腹泻病毒所引起仔猪的一种急性、接触性肠道传染病。本病的特征为排出水样粪便,呕吐,脱水。

【流行特点】 该病在冬季和早春发生,每年12月份至翌年1月份多发。呈地方性流行。不同性别、年龄、品种的猪均可感染发病,哺乳仔猪和育成猪易感性强,发病率为100%,病死率平均为50%。1周龄内的仔猪病死率可达100%。病猪是主要传染源。病毒存在于肠绒毛上皮和肠系膜淋巴结中,随粪便排出体外,污染饲料、饮水、用具、环境,健康猪经口接触了含毒的粪便可发生自然感染。所以,消化道是主要的感染途径,也可经呼吸道感染。还可通过运输病猪的车辆及被污染的饲料、用具、靴鞋及其他带毒物传播本病。本病传播迅速,在数日内可波及全群。

【临床症状】 自然感染的潜伏期为5～8天,人工感染的新生仔猪为18～24小时,育肥猪约为2天。病猪精神不振,食欲减退,体温稍高或正常。多在吮乳或吃食后发生呕吐,吐出物为黄色或深蓝色。然后排出水样粪便,粪便为灰黄色、灰色或呈透明水样,污染臀部。此时,病猪精神极度沉郁,眼窝下陷,脱水,拒食,消瘦。日龄越小发病越重。1周龄以下的新生仔猪腹泻3～4天,严重脱水死亡。

【病理变化】 本病的主要病变在小肠。小肠膨胀、肠壁变薄、外观明亮,肠管内充满黄色液体,或带有气体。肠系膜呈树枝状充血、出血,肠系膜淋巴结肿胀。镜检时,可见小肠绒毛细胞有空泡形成和脱落,肠绒毛萎缩、变短,绒毛高度与隐窝深度比从正常的7：1降为3：1。

【诊　断】 ①根据本病的流行情况、临床症状,尤其是呕吐、水样腹泻、脱水、消瘦,可初步确诊。但必须进行病原检查。②用直接免疫荧光检查本病。取腹泻48小时内死亡的病猪小肠做冰冻切片或小肠粘膜抹片,风干后丙酮固定,加荧光标记本病抗体染色,水洗,封盖后镜检,如在各肠段发现荧光阳性细胞可确诊。③选2～3日龄未吃初乳、只喂消毒牛奶的仔猪。将病猪小肠及其内容物制成悬液,每毫升加青霉素2000单位,链霉素2000微克,在室温下作用1小时,然后经口接种试验仔猪,如试验猪发病,再取小肠做荧光抗体检查,如果呈阳性可确诊。④本病与传染性胃肠炎在临床上极易混淆,所以,必须进行实验室检查,两种病原在抗原性上有明显差别。此外,还应与仔猪轮状病毒性腹泻、仔猪白痢、仔猪黄痢、仔猪红痢及猪痢疾进行鉴别诊断。

【防　制】

1. 预防　①加强饲养管理,搞好猪舍卫生,定期进行消毒,防止本病侵入猪群。坚持自繁自养的原则,不要从场外购入猪只。如必须购入时,一定做好隔离检疫,确认无病后才能入群。②处于隐性感染的猪场,应严格控制人员、动物和交通工具流动,以减少传染的危险性。③对于猪舍内的粪便,每天要及时清除,并定期观察猪群,发现病猪立即隔离、确诊,采取紧急的防制措施,控制本病蔓延。④哈尔滨兽医研究所研制的猪流行性腹泻氢氧化铝灭活疫苗,已在全国普遍应用,安全有效,无副作用。本苗主要供妊娠母猪的被动免疫用,断奶仔猪及其他猪只主动免疫注射用,免疫产生期为 2 周 ,免疫保护期为 6 个月。妊娠母猪于产前 20～30 天,每头于后海穴(尾根与肛门之间)注射 3 毫升。体重 10 千克内的猪每头注射0.5毫升,10～25 千克的猪每头 1 毫升。此外,还可应用猪传染性胃肠炎与猪流行性腹泻二联灭活疫苗,打一针可预防两种病。妊娠母猪于产前 20～30 天,每头后海穴接种 4 毫升,体重 25千克以下的仔猪 1 毫升。

2. 治疗　①本病当前尚无有效的治疗药物。只有采取对症治疗。②用 2.5％恩诺沙星注射液每 10 千克体重 1 毫升,肌内注射,每天 1 次。或用盐酸环丙沙星每千克体重 2.5 毫克,肌内注射,每天 2 次。可预防细菌继发感染。③病猪群每天口服补液盐,也可用康复母猪抗凝血或高免血清,每天口服10 毫升,连用 3 天。④取新城疫 I 系苗 500 份,加注射用水50 毫升,每头每次 5 毫升,肌内或交巢穴注射,每天 1 次,连用 2 天,作为干扰素诱导剂,有一定治疗效果。

(三)轮状病毒性腹泻

仔猪轮状病毒性腹泻是由轮状病毒所引起的仔猪的一种急性肠道传染病。本病的特征为厌食,呕吐,腹泻。

【流行特点】 主要感染仔猪。人的轮状病毒可以感染仔猪并引起发病。犊牛和鹿的轮状病毒也可以感染仔猪,所以该病毒有一定的交互感染作用。本病在冬季和早春多发。各种年龄的猪均可感染,以2月龄以内的仔猪多发。日龄越小的仔猪发病率越高,刚断奶和3~8周龄内的仔猪发病率达50%~80%,病死率为10%。无母源抗体的仔猪病死率为100%。常呈地方性流行。病猪和隐性感染猪将病毒通过粪便排出体外,污染饲料、饮水、用具及环境,经消化道感染健康仔猪。所以消化道是本病的感染途径。再有,气候寒冷、猪舍潮湿、卫生条件恶劣、饲料营养不全及饲养密度过大等,均可诱发本病。人和其他动物能携带病毒传播本病。

【临床症状】 潜伏期为12~24小时。初期病仔猪精神沉郁,食欲减退,喜卧,呕吐。很快发生腹泻,粪便呈水样或糊状,呈黄白色或暗黑色,腹泻3~7天,严重脱水,消瘦,体重减轻30%。如果气温下降,继发细菌感染,可使病情恶化,病死率增高。

【病理变化】 主要病变在小肠。胃弛缓,胃内充满凝乳块和乳汁。肠壁变薄,呈半透明状,肠管膨胀,含液状内容物,为灰黄色或灰黑色。小肠广泛性出血,肠系膜淋巴结水肿,肠绒毛萎缩。胆囊肿大。盲肠和结肠也含类似的内容物而膨胀。

【诊 断】 ①根据发病情况、临床症状及病理变化,可怀疑本病。但要确诊,应做病毒学检查。②用免疫荧光抗体检查本病。病猪腹泻后24小时内,采取小肠做冰冻切片或粘膜涂片,用荧光标记的抗体染色,镜检,如有特异荧光细胞出现,可确定为本病阳性。③有条件的也可取小肠内容物或粪便经超速离心,取上清液滴于网上,用磷钨酸负染后,用电镜检查,如发现轮状病毒粒子,可以确诊本病。④应与猪传染性胃肠炎、猪流行性腹泻、仔猪白痢、仔猪黄痢、仔猪副伤寒及猪痢疾进行鉴别诊断。

【防　制】

1.预防　①加强饲养管理,搞好舍内的卫生消毒工作。让新生仔猪较早吃到初乳,得到母源抗体保护。断奶仔猪应供给全价饲料,提高其抗病力。猪舍的粪便要及时清除,对地面、用具、工作服等,定期进行消毒。②免疫注射猪传染性胃肠炎与猪轮状病毒二联灭活疫苗,经产母猪和后备母猪,在产前5～6周和1周各肌内注射1毫升,免疫期为1产。新生仔猪喂乳前肌注1毫升,至少30分钟后再喂乳,免疫保护期1年。仔猪断奶前7～10天肌内注射2毫升,免疫保护期6个月。

2.治疗　①本病没有特效治疗药物。对病猪可采取对症治疗,如补液、收敛止泻、抗菌消炎等。②用庆大霉素、氟哌酸、黄连素、恩诺沙星、制菌磺等防止继发感染。③给新生仔猪口服康复猪的血清或全血,有预防和治疗作用。

(四)伪狂犬病

仔猪伪狂犬病也叫奥者士奇病,或称阿捷申氏病。是由伪狂犬病病毒所引起仔猪的一种急性传染病。本病的特征为仔猪出现发热和神经症状,病死率高。

【流行特点】　本病一年四季均可发生,但以冬、春产仔季节多发,呈地方性流行。病猪和带毒猪是主要传染源。带毒的鼠类、狗和猫在本病的传播中起一定作用。猪是主要的病毒贮主,不仅发生水平传播,也发生垂直传播。病毒随鼻分泌物、唾液、乳汁、尿液排出体外,易感猪直接或间接接触,经消化道、呼吸道、皮肤、损伤粘膜、生殖道而感染。病母猪也可经胎盘直接感染胎儿,或经乳汁感染仔猪。康复猪可长期带毒和排毒。猪、牛之间也可相互传染。本病的窝发病率为 100%,15 日龄内的仔猪病死率 100%。

【临床症状】 潜伏期 3～6 天。哺乳仔猪和离乳仔猪病情严重。哺乳仔猪病初体温升高达 41℃～42℃。精神沉郁,食欲减退。眼睑肿胀,瞳孔散大,眼球上翻,视力减退或丧失。呼吸困难,呈腹式呼吸。有的病猪呕吐或腹泻。后期出现神经症状,如兴奋不安,震颤,直冲或转圈运动,声音嘶哑,痉挛,麻痹,卧地四肢呈游泳状。最后因极度衰竭死亡。断乳仔猪只表现高热,体温达 41℃,精神不振,食欲减退。有的病仔猪耳尖发紫,呕吐和腹泻,咳嗽,震颤,抽搐,病程 4～8 天,多半康复,病死率低。妊娠母猪流产,出现死胎、木乃伊胎,或产出弱仔。厌食、便秘、惊厥、视觉消失、眼结膜炎。

【病理变化】 主要病变在上呼吸道。鼻咽部充血,卡他性、化脓性、出血性炎症。扁桃体出血、水肿。咽发炎,喉头水肿及淋巴结肿大,有坏死灶。勺状软骨和会厌软骨有纤维素性坏死性假膜覆盖。肺水肿,出血。上呼吸道内有大量水肿液。胃底部大面积出血。大肠见有斑块状出血。心肌松软、水肿,心内膜出血。肾出血。肝表面有大量纤维素性渗出物。肝、脾有 1～2 毫米大小的灰白色坏死点。脑膜充血、出血,脑脊液增量。流产胎儿的肝、脾、淋巴结及胎盘绒毛见有凝固性坏死。镜检脑组织可见非化脓性脑膜炎和神经节炎变化。

【诊　断】 ①根据发病情况,临床症状,尤其仔猪高热,神经症状,母猪流产,死胎,以及剖检病变,可初步确诊。但必须采取病料进行病原体检查。②采取病猪脑组织,研碎后加生理盐水,制成10%悬液,每毫升加青霉素1000单位,链霉素1毫克。放于4℃冰箱中过夜,离心,沉淀。取上清液1～2毫升,给家兔后腿内侧皮下注射,接种后2～3天死亡。死前注射部位的皮肤发生剧痒,抓咬患部,呈出血性皮炎,局部脱毛、出血。③可用血清中和试验、酶联免疫吸附试验、琼脂免疫扩散试验、免疫荧光试验、补体结合试验、间接血凝试验检测本病,效果均好。④本病应与链球菌性脑膜炎、水肿病、食盐中毒、猪乙型脑炎、猪衣原体病、猪繁殖-呼吸综合征、猪细小病毒病等进行鉴别诊断。

【防　制】

1. 预防　①要坚持自繁自养的原则,实行全进全出的制度。必须从场外引进种猪时要隔离、检疫,确认无病后方可入群。②平时要做好卫生消毒工作,对猪舍内的粪便及污物每天都要清除,堆肥发酵处理,对猪舍的地面、墙壁、设备及用具等都要定期消毒。③由于鼠类也是本病的重要传染源,所以在猪场内要消灭鼠类,防止犬、猫等动物进入猪场。④对种猪场的母猪和公猪每3个月采血1次,做感染监测,发现阳性猪应及时淘汰。对于感染猪场应采取净化措施,如全群淘汰更新,淘汰阳性猪,隔离饲养阳性母猪所生的仔猪等。对于育肥猪场中发病的乳猪、仔猪均予淘汰,其余仔猪与母猪一律注射伪狂犬病疫苗。⑤哈尔滨兽医研究所已研制出伪狂犬病疫苗(基因缺失苗),经农业部批准,已在全国推广应用,证明安全有效,无副作用。使用时,每瓶用灭菌的磷酸盐缓冲液或生理盐水40毫升稀释,乳猪每头股内侧肌内注射0.5毫升。断奶仔猪每头臀部肌内注射1毫升。生产母猪在每次配种前,臀部肌注2毫升,其所产仔猪通过初乳获得免疫,不用接种疫苗。

断奶后仔猪每头再注射 1 毫升。疫苗接种后 6 天产生免疫力，免疫保护期达 1 年。但必须注意，患病、瘦弱和刚阉割的仔猪不宜接种。

2. 治疗 ①本病目前无有效的治疗方法，只有采取对症治疗措施。②在病仔猪出现神经症状之前，注射高免血清或康复猪血液，有一定疗效。由于耐过猪长期带毒，注射后仍应进行隔离观察，成年猪一般不需要治疗。

(五)断奶后全身消耗性综合征

仔猪断奶后全身消耗性综合征也叫断奶后全身衰竭综合征。是由猪圆环病毒Ⅱ型所引起仔猪的一种新的传染病。本病的特征为断奶后仔猪多系统进行性衰竭，病理损伤。

【流行特点】 病猪和带毒猪是主要传染源。病猪从鼻分泌物和粪便排出病毒，感染哺乳末期仔猪。断奶后 8～13 周龄出现症状，病程 2～8 天死亡。发病率为 60％，死淘率为 40％。而耐过的仔猪，发育受阻。

【临床症状】 仔猪断奶后 2～3 周，多系统进行性功能衰竭。病猪表现生长发育受阻，贫血，皮肤和粘膜苍白，精神不振，食欲减退，腹泻、咳嗽、呼吸困难。肌肉软弱无力。有的病猪出现黄疸。淋巴结肿大。

【病理变化】 可见各种组织和器官有病理损伤。肝脏有的呈花斑状，萎缩变硬。肾脏肿大，呈白色，有的被膜下可见白色病灶。脾脏增大，切面呈肉状，无充血。所有淋巴结肿大 3～4 倍，切面为均质白色。肺为弥漫性病变，增重，坚实或橡皮样，肺表面呈花斑状。严重病例可见黑红色或棕色的肺泡出血斑。在肺的尖叶和肺中间区见有灰红色萎陷或坚实区。消化道可见胃溃疡和肠炎。扁桃体发炎。

【诊　断】　①根据流行情况、临床症状及病理变化，可初步确诊。为进一步确诊，应对病原进行检查。②采取病死猪淋巴结，研磨制成匀浆，离心，取上清液，除菌后接种于 PK-15 细胞传 3 代，用免疫荧光检查本病毒。③利用聚合酶链反应和核酸探针杂交试验检测本病，效果明显。

【防　制】

1. 预防　目前尚无疫苗应用。由于发现本病与仔猪先天性震颤为同一病原，所以，研制疫苗预防本病已迫在眉睫。对断奶后的仔猪应加强护理，供给全价饲料。搞好舍内清洁卫生和消毒工作。减少应激刺激，保持舍内干燥、通风、保暖。

2. 治疗　本病目前尚无有效的治疗药物。

(六)先天性震颤

仔猪先天性震颤也叫传染性先天性震颤，俗称仔猪跳跳病或仔猪抖抖病。是由圆环病毒Ⅰ型所引起新生仔猪的一种阵挛性疾病。本病的特征为初生仔猪局部或全身肌肉震颤。

【流行特点】　该病只限于新生仔猪，感染的怀孕母猪不显症状。不同品种、性别和年龄的猪对本病均有易感性。病毒感染母猪后，经胎盘感染仔猪，所以，该病为垂直传播。公猪经过交配而感染母猪。成年猪在自然状态下为隐性感染或无症状感染，可能为水平传播。未见仔猪相互传播。感染母猪生过 1 窝仔猪后，以后再生出的仔猪不发病或发病轻微。在产仔季节初期生出的仔猪症状重，后期产出的仔猪症状轻。如果母猪营养不良，会促进本病发生。在发病期间病死率为 1%～25%，同次流行窝间的病死率为 1%～100%。

【临床症状】　仔猪出生后立即出现震颤，有的全窝，有的部分仔猪出现症状,如全窝发病则症状严重,部分仔猪发病则症状轻,不易发现。局部症状为耳和尾抖动,严重的全身有节奏地阵发性痉挛,躯体和头部剧烈抖动。站立不稳定,多为跳跃姿势。不能走路,吃奶困难,多因饥饿而死。受外界刺激,如惊忧、驱赶、寒冷、噪声等突然刺激使病情加重。本病站立时症状明显,躺卧时症状缓解,睡觉时症状消失。有的病例后躯肌肉强直性痉挛,尾部轻微震颤,后肢叉开呈犬坐姿势。驱赶时,步态僵硬。本病耐过1周可不死,3周内震颤逐渐减轻或消失。妊娠母猪在发病的仔猪出生前没有任何症状。

【病理变化】 无明显的肉眼变化。镜检时,可见中枢神经系统明显的髓鞘形成不全。在脑血管周围,特别是脑基部充血、出血。小脑发育不全。小动脉广泛性的脉管炎。小脑硬脑膜纵沟窦水肿、增厚、出血。其他器官血管呈增生变化。

【诊　断】 ①本病根据发病情况,临床症状,即新生仔猪局部或全身肌肉震颤,镜检时中枢神经系统髓鞘不全,可初步确诊。②采取病死猪的肾制成悬液,除菌,离心,取上清液接种原代猪肾细胞培养,不产生病变,但可用干扰水疱性口炎病毒和伪狂犬病毒感染,证明本病毒的存在。③将病料或病毒培养物接种健康的妊娠母猪,其所生的仔猪会出现局部或全身肌肉震颤。

【防　制】

1. 预防 ①应加强饲养管理和采取兽医卫生措施。对仔猪舍在早春和冬季注意保暖,保持干燥,搞好清洁卫生和消毒工作。让仔猪及时吃上母乳,如奶水不足或乳少仔猪多,应采取代养或人工哺乳,可使多数仔猪自然恢复,减少病死率。②由于公猪通过交配能将病毒传染给母猪,所以对公猪要进行检查,发现阳性的应立即淘汰,不然后患无穷。③猪场应坚持自繁自养的原则。必须从场外引进种猪时,一定要了解原场病史和隔离检疫,确认健康后方可入群。④也可将空怀母猪在配种前放入病猪群中,使其获得感染免疫,以防止交配时再感染和在母体内垂直感染仔猪。

2. 治疗 目前尚无有效的治疗药物和疫苗。只有采取对症疗法。如对于震颤的仔猪,可用硫酸镁进行对症治疗,以减轻症状和病死率。

(七)口 蹄 疫

口蹄疫是由口蹄疫病毒所引起偶蹄动物如猪、牛、羊等的一种急性、热性、接触性传染病。本病的特征是口腔粘膜、蹄部和乳房等部位有水疱和烂斑,仔猪为急性胃肠炎和心肌炎。

【流行特点】 本病在自然条件下,一年四季均可发生,但以冬、春、秋季多发,夏季基本停息。本病的易感动物是所有的偶蹄动物,如牛、羊、猪、骆驼等。病畜和带毒家畜是主要传染源。通过水疱液、排泻物、呼出的气体将病毒排出体外,污染周围环境、空气、饲料、饮水、工具、工作服等。另外,还有病猪肉及其制品、泔水、管理用具和运输用具都能传播本病。通过消化道、呼吸道、破损的皮肤、粘膜、眼结膜、人工输精等,直接或间接感染本病。再有鸟类、鼠类、昆虫等也能机械地传播本病。近来发现易感牛、羊与隐性感染牛同居不发病,但对猪有致病力。新生仔猪对口蹄疫最敏感,发病率100%,病死率达80%以上。本病多见于大流行和流行性传染。猪多呈地方性流行和散发,有一定的周期性,每3～5年发生1次。传播方式有两种:蔓延式和跳跃式。如同舍饲养,猪先发病,牛羊后发病或不发病。相反,如牛先发病,而猪则一定发病。总之,我国和国际兽疫局均将本病列为甲类传染病进行防制。

【临床症状】 潜伏期 1～2 天。初期，体温升高达 40℃～41℃。精神沉郁，食欲减退或拒食。仔猪水疱症状不明显，主要表现为新生仔猪发生急性胃肠炎突然死亡，断奶仔猪感染时常引起心肌炎而导致死亡。成年猪主要表现在蹄冠、蹄踵、蹄叉、口腔粘膜、舌面及母猪乳房、乳头等处出现大小不等的水疱和溃疡。1 周左右恢复。如被细菌感染，局部化脓坏死，蹄壳脱落，有痛感，患肢不能着地，走路时跛行。妊娠母猪感染后易发生流产。成年猪病死率不超过 3%。

【病理变化】 仔猪主要见到急性卡他性胃肠病变。心肌发炎，松软，切面有灰白色或淡黄色斑点或条纹，似虎身上斑纹，故称虎斑心。肺浆液性浸润。成年猪特征性病变为皮肤和粘膜出现疱状斑疹，在蹄冠、蹄叉、鼻盘多见。水疱内有浆液性坏死性上皮细胞，破裂后形成糜烂，不久表面覆有黄褐色痂皮。如有细菌感染时，可见化脓性纤维素性炎症，在粘膜深层有溃疡和结痂病变。

【诊　断】 ①根据本病的发病特点，临床症状，尤其在猪的皮肤和粘膜上的水疱，特别在蹄冠、蹄叉、鼻盘和母猪乳房、乳头上的水疱，以及仔猪胃肠炎和心肌炎，可初步确诊。②采取水疱皮和水疱液放于 50%甘油生理盐水中，或采取恢复期血清，送有关部门鉴定。③本病与猪水疱病、水疱性口炎、猪水疱疹在临床上很难区分，所以应对其做鉴别诊断。

【防　制】 ①本病为国际性传染病，发现疫情后，应立即向上级主管部门报告。必须很快确诊，迅速采取封锁措施，防止疫情扩散。②对于病猪群应采取全部扑杀措施，然后烧毁、深埋。疫点周围受威胁区的猪全部注射疫苗。我国已研制出了猪口蹄疫灭活疫苗、口蹄疫佐剂灭活疫苗及口蹄疫鸡胚弱毒疫苗，已在生产上应用。但发生本病的血清型应与疫苗相一致,不然无效。③发病猪场,对猪舍地面、运动场的粪便清除后,应用1%～2%氢氧化钠溶液或30%草木灰水彻底消毒。对于清除的粪便、污染的饲料和饮水均应做无害化处理。对场内工作人员工作服、胶靴、工具等也应进行消毒处理。疫区内最后1头猪处理后或死亡14天后不再出现新疫情,彻底消毒,经检查验收合格后才能解除封锁。

(八)猪　瘟

仔猪猪瘟俗称烂肠瘟。是由猪瘟病毒所引起猪的一种急性、热性、接触性传染病。本病的特征:急性为败血症,慢性为纤维素性、坏死性肠炎,非典型为高热、干耳干尾、皮肤干性坏疽。

【流行特点】　本病在自然情况下只感染猪。但免疫母猪所生仔猪1个月后易感性增强。仔猪断奶后1～2个月多发。猪群发病后经1～3周达流行高峰。病猪是主要传染源。病毒随粪便、尿液及其他分泌物排出体外,污染饲料、饮水及周围环境等,经消化道而感染。病猪和健康猪直接接触,经呼吸道而感染。强毒及减毒株感染的母猪,经胎盘垂直感染胎儿。病猪尸体如果处理不当,肉品卫生检查不彻底,运输及管理用具消毒不严,也能造成本病的传播。苍蝇、蚊子、肺丝虫及蚯蚓也是传播本病的媒介。损伤的皮肤和阉割的伤口也可感染。本病的发生没有季节性,在新疫区呈急性暴发,发病率和病死率都较高。老疫区,猪群有一定的免疫力,长期呈慢性流行,如有细菌继发感染则病情加重。近些年来在猪群中出现一种非典型猪瘟,或称温和型猪瘟,症状轻微,病变不典型,病死率达30%～50%。妊娠母猪感染后发生流产,产出死胎、木乃伊胎,或弱小的仔猪。

【临床症状】 本病潜伏期短的 2 天,长的 21 天,平均 7
天。根据病程分 4 个类型。

1. 最急性型 突然发病,高热 41℃左右,稽留。皮肤、粘
膜发绀,出血。肌肉颤抖,抽搐。病程 1～2 天,病死率 100%。
发病初期和新疫区多发。

2. 急性型 病猪精神沉郁,食欲减退或拒食,口渴。体温
40℃～41℃持续不退。病猪弓背,寒战,行动迟缓,走路摇摆不
稳。喜钻草堆,嗜睡。眼结膜发炎,有多量脓性分泌物,严重时
眼睑封闭。病猪先便秘,后腹泻。在腹下、耳根、下颌、四肢内
侧、外阴等处可见紫红色斑点。公猪包皮内积有臭味的混浊液
体。仔猪出生后主要表现神经症状,痉挛,角弓反张,转圈运
动,磨牙,或抽搐,震颤,最后死亡。此型较为典型。

3. 慢性型 病猪消瘦,贫血,喜卧,走路缓慢,时有低热。
便秘和腹泻交替。皮肤上有紫斑、丘疹,有的坏死。病程较长,
有的耐过而康复。

4. 非典型型 病情发展缓慢。症状及病变不典型。体温
持续 40℃左右,皮肤尤其是腹部皮肤淤血或坏死。见有干尾
巴,紫斑蹄。皮肤损伤流血不止。粪便干稀交替。病猪瘦弱,
病程 1～2 个月。仔猪病死率高,成年猪多数耐过,生长受阻。

【病理变化】

1. 最急性型 在有的浆膜、粘膜及内脏有少量出血点。

2. 急性型 浆膜、粘膜及各脏器和淋巴结均有出血点。腹
腔淋巴结出血最明显,肿大,呈暗红色,弥漫性出血,混有贫
血,而呈大理石状。脾出血性梗死,突起呈小块,为黑紫色。淋
巴结周边出血及脾梗死有诊断价值。肺充血,小块出血。扁桃
体为坏死性炎症。胆囊粘膜见有出血斑或坏死。脑膜充血,偶
有出血。

3. 慢性型　为坏死性肠炎。在回肠末端、盲肠和结肠粘膜上有钮扣状溃疡,为本病的特征性病变。肺呈纤维素性肺炎。妊娠母猪感染后,可见流产的胎儿水肿,表面出血和小脑发育不全。

【诊　断】　①采取可疑病料剪碎,研磨制成悬液,离心,取上清液接种易感幼龄健康猪,并且用兔化弱毒疫苗免疫猪做对照,经12~14天,免疫对照猪健活,而接种病料猪发病死亡。②兔交互免疫试验。将病猪的病料制成悬液,用青霉素、链霉素处理后,接种家兔,7天后用兔化猪瘟疫苗静脉注射,每6个小时测1次体温,连测3天,如发生定型热反应,可判为猪瘟。同时设1组兔不注射病料,只注射兔化弱毒疫苗,做对照。此法方便易行,适于现场操作。③可采用免疫荧光抗体试验、琼脂免疫扩散试验、正向间接血凝试验、酶联免疫吸附试验检测本病,效果均好。④本病应与急性猪丹毒、最急性猪肺疫、急性副伤寒,猪繁殖-呼吸综合征、巴氏杆菌病、败血性沙门氏菌病、弓形虫病、败血性链球菌病等做鉴别诊断。

【防　制】

1. 预防　①猪场要坚持自繁自养的原则,做好消毒和检疫工作。引进猪时一定隔离检疫,无病时才能入群。动物和人是传染媒介,防止动物和场外人员进入猪舍。由于苍蝇、蚊子及蚯蚓也能传播本病,所以,猪舍内一定要消灭蚊、蝇及蚯蚓。由于肺丝虫易传播本病,所以对猪只要定期驱虫。对猪舍和运动场要及时清除粪便,定期消毒。②当前我国已研制出猪瘟兔化弱毒冻干疫苗,猪瘟与猪丹毒二联苗及猪瘟、猪丹毒、猪肺疫三联苗,安全有效,无副作用,已广泛应用。其免疫程序是:种母猪配种前免疫1次,免疫母猪所产仔猪20~25日龄首免,60~65日龄二免。种公猪、种母猪春、秋各免疫1次。初生仔猪在吃初乳前 1~1.5 小时首免,断奶后二免。

2. 治疗 ①本病目前尚无有效的治疗方法,只有采取对症治疗。②取红霉素 60 万单位,加注射用水 10 毫升与 5%~10% 葡萄糖溶液 150 毫升,1 次静脉注射,每天 2 次。同时取 30% 安乃近注射液 10~20 毫升肌内注射,每天 1 次。

(九)繁殖-呼吸综合征

仔猪繁殖-呼吸综合征也叫蓝耳病,或称神秘病。是由繁殖-呼吸综合征病毒所引起仔猪的一种急性、高度接触性传染病。本病的特征为仔猪呼吸困难,耳尖、耳根发绀呈蓝紫色,体温升高,腹泻、消瘦。妊娠母猪流产、死胎、木乃伊胎。

【流行特点】 本病只感染猪,未见其他家畜发病。1 月龄以内的仔猪和母猪最易感。病猪和带毒猪是主要传染源。病毒随鼻汁、粪便和尿液到达体外,通过空气和病健猪接触经呼吸道而感染。妊娠母猪可经胎盘垂直感染仔猪。公猪通过精液和尿液排出病毒而感染健康猪。另外,啮齿动物、禽类、野生动物均可传播本病。患病母猪所生仔猪及其粪尿污染的环境、用具、运输工具等,均可成为本病的传播媒介。高湿度、低温、猪只运输、圈舍饲养密度过大、卫生条件恶劣,都可诱发本病。仔猪的发病率为 80%~90%,病死率 30%~50%。

【临床症状】 潜伏期为仔猪 2~4 天,母猪 4~7 天。仔猪体温升高至 40℃~41℃,食欲减退或拒食。呼吸困难,呈腹式呼吸。离群或挤堆,精神沉郁,被毛蓬乱,运动共济失调。耳尖和耳根发绀,呈蓝紫色。外阴、尾根、四肢见有血斑。腹泻,后肢麻痹,眼睑肿胀,结膜发炎,脱水,消瘦,后期出现神经症状,身体衰竭而死亡。早产仔猪出生时已死亡,有的存活但体质弱。正常产的仔猪体弱,2~3 天后发生腹泻,病死率高。母猪多呈一过性或亚临床感染,妊娠母猪流产、早产,产死胎、木乃伊胎。血液检查可见白细胞和血小板减少。

【病理变化】 仔猪皮下、头部水肿,胸腔积液。耐过猪呈多发性浆膜炎、关节炎、非化脓性脑膜炎和心肌炎等病变。体表淋巴结肿大。心包积液。肺有时呈黄褐色。镜检可见间质性肺炎。母猪可见肺水肿、肾盂肾炎和膀胱炎。

【诊　断】 ①根据本病的流行情况,临床症状,尤其仔猪耳呈蓝紫色,腹泻,母猪流产、死胎、木乃伊胎,以及剖检病变,可初步确诊。但最好采取病料,送有关单位检查病原体。②采取病猪的血清、血浆、精液、脾、扁桃体,死胎儿,新生胎儿的肺、肝、胸水、腹水等无菌处理后接种猪肺巨噬细胞,培养1~4天后,细胞圆缩、聚集、脱落。然后进行病毒鉴定。③可用免疫过氧化物酶单层细胞培养试验、酶联免疫吸附试验、间接免疫荧光抗体试验检测本病,效果明显。④本病应与猪细小病毒病、猪乙型脑炎、猪伪狂犬病、猪瘟鉴别诊断。

【防　制】

1. 预防 ①控制本病的主要措施是切断传播途径。对发病猪场要严密封锁,禁止猪只调运。对于核心猪群,应实施全面的、严格的兽医卫生措施,如搞好舍内外清洁卫生,对地面、用具、车辆、工作服等全面定期消毒。②严禁从发病国家和地区引进猪只。对于新购入的猪只应隔离检疫8周以上,确认无病后才能混群。③对于母猪群和种公猪进行血清学检测,淘汰阳性猪,培育清净的健康猪群。认真执行防疫制度,定期注射疫苗。控制猪群的饲养密度,要消灭猪场内的鼠类和防止野鸟入内。④哈尔滨兽医研究所已研制出猪繁殖-呼吸综合征灭活疫苗,在我国各地广泛应用,安全有效,无副作用。仔猪出生后20天,每头皮下或肌内注射1毫升。母猪在配种前5~7

天,首免每头皮下或肌内注射 2 毫升,间隔 20 天以同样剂量加强免疫 1 次,以后每 6 个月注射 1 次。应注意的是,注射疫苗时个别猪会出现局部肿胀,可在短时间内消失。

2. 治疗 ①本病目前尚无有效的治疗方法,只有采取对症治疗措施。②为防止细菌继发感染,可用抗生素和磺胺类药物进行治疗。也可用安乃近或安痛定解热镇痛。同时注射葡萄糖生理盐水及维生素等,可缓解病情。

（十）血凝性脑脊髓炎

仔猪血凝性脑脊髓炎也叫仔猪呕吐消耗病。是由血凝性脑脊髓炎病毒所引起的一种急性传染病。本病的特征为呕吐,消瘦,中枢神经障碍。病死率高。

【流行特点】 本病只感染猪,其他动物不感染。仔猪比成年猪易感性强,成年猪为隐性感染。2 周龄以下的仔猪多发。病猪和隐性感染猪是主要传染源。病毒随呼吸道的飞沫和消化道的粪便排出体外,污染环境、饲料、饮水及用具等而感染健康仔猪。本病的发生无明显的季节性,多在新引进种猪后而发生,感染一窝或几窝哺乳仔猪后,由于免疫反应自行停止发病。

【临床症状】 猪在感染该病毒后,临床上出现两种不同的症状。

1. 脑脊髓炎型 4～7 日龄的仔猪多发。病猪表现精神沉郁,食欲减退,体温升高达 40℃以上。可见轻度的呕吐和便秘。打喷嚏,咳嗽。1～3 天后,出现神经症状,对声音和触摸敏感,全身肌肉震颤,步态蹒跚,运动失调。有的猪后肢麻痹,常呈犬坐姿势。病的后期,不能站立,四肢呈划桨状,鼻和蹄发绀,角弓反张,眼球颤抖,呼吸困难,昏睡,虚脱,衰竭而死亡。

仔猪的病死率几乎为100%。

2.呕吐消瘦型 病初体温升高,1～2天后恢复正常。生后2～3天出现呕吐,吐出物带有恶臭味,停止吃奶,渴欲增加。不久发生便秘。聚堆,倦怠,弓背,眼结膜蓝紫色,磨牙。病重的仔猪咽喉肌肉麻痹,将嘴插入水中而不能喝水。饥饿和脱水,消瘦,体重减轻。病死率为20%～80%。幸存者发育受阻而成为僵猪。

【病理变化】

1.脑脊髓炎型 以中枢神经非化脓性脑脊髓炎变化为特征。在中脑、脑桥、延髓和上部脊髓见到病灶周围有管套性浸润,胶质细胞结节形成,神经细胞变性和脊髓炎变化明显。脊髓液增量。脊髓和三叉神经节发炎。同时还见有轻度卡他性鼻炎变化。

2.呕吐消瘦型 几乎见不到肉眼病变。镜检可见到局灶性或弥漫性间质性炎症与支气管周围炎。肺泡气肿,上皮肥大。鼻甲骨和气管粘膜下组织细胞浸润。25%的猪可见轻度脑脊髓炎变化。同时见有胃肠炎病变。

【诊　断】 ①根据发病情况,临床症状,尤其是呕吐和神经症状,可初步确诊。但应进一步检查病原体。②采取病死仔猪的脑、扁桃体、呼吸道及上消化道病料,制成悬液,离心取上清液接种于原代猪肾细胞,进行传代,出现细胞病变并产生多核合胞体。③可用琼脂免疫扩散试验、血清中和试验、血凝抑制试验检测本病,效果很好。④本病应与猪传染性胃肠炎、猪伪狂犬病、猪传染性脑脊髓炎、李氏杆菌病鉴别诊断。

【防　制】

1.预防 ①加强饲养管理,认真搞好舍内的清洁卫生和消毒工作。②从场外引进猪时一定做好隔离、检疫工作,确认无病后方可入群。③经常观察仔猪,发现有神经症状和呕吐的仔猪,应立即隔离,确诊,扑杀仔猪,猪场全面消毒。禁止移动病猪和可疑带毒猪,并且停止繁殖生产。

2. 治疗　目前尚无有效的治疗药物和疫苗。为预防继发感染,可用抗生素对症治疗。

(十一)日本乙型脑炎

仔猪日本乙型脑炎也叫流行性乙型脑炎。简称乙脑,是由日本乙型脑炎病毒所引起的一种人畜共患传染病。本病的特征为仔猪脑炎,怀孕母猪流产、死胎、木乃伊胎,公猪睾丸肿大、发炎。

【流行特点】　本病除感染猪外,也感染马、牛、羊、禽类和人。某些带毒的野鸟在本病的传播上有一定意义。蝙蝠一年四季均可分离到此病毒。该病在热带地区无明显季节性,而在温带和亚热带地区有明显的季节性,每年夏、秋季节,尤其是7~9月份多发,在每年12月份至翌年4月份无本病发生。本病是由蚊子传播的,蚊子感染乙脑病毒后,在体内繁殖,经卵传递,可终生带毒,第二年可成为传染源。猪是乙型脑炎病毒的侵害对象,同时,猪也起着贮存宿主的作用。猪感染率高,发病率和病死率较低。猪群首次暴发严重,以后逐年减少而成为带毒者。本病多为散发,隐性感染猪较多,不论有无症状,在感染初期病毒血症阶段具有传染性。

【临床症状】　潜伏期人工感染 3~4 天。仔猪精神不振,眼结膜潮红,食欲减退,渴欲增加。喜卧,昏睡。体温突然升高至 40℃~41℃。排出的粪便干燥,尿液为深黄色。出现磨牙、抽搐,盲目冲撞,后肢麻痹等神经症状。后期,衰竭而死亡。妊娠母猪无明显临床症状,只表现流产、死胎、木乃伊胎。怀孕以后感染本病的母猪所生的仔猪每窝个头大小不一。

【病理变化】 死胎和体弱的仔猪可见脑水肿,皮下水肿。脊髓膜和脊髓充血。脑室和脊髓腔液增多,脑切面可见灰质和白质中的血管高度充血。脑水肿的仔猪大脑皮质变薄,小脑发育不全。胸腔和腹腔积水,浆膜出血,淋巴结充血。肝、脾有坏死灶。出生后感染本病的仔猪,未见主要病理变化。

【诊　断】 ①根据本病的流行季节,临床症状如仔猪脑炎,怀孕母猪流产、死胎,公猪睾丸肿胀发炎,可初步确诊。但应进行病原学检测。②采取病死猪脑组织,研磨制成悬液,离心,取上清液给小白鼠脑内接种,5～9 天发病死亡,可再采取脑组织制成悬液,离心上清液给小鼠传代,如传 2 代均有发病死亡可确诊。③可采用中和试验、血凝抑制试验检测本病,效果均好。④本病应与猪布氏杆菌病、猪细小病毒感染、猪繁殖-呼吸综合征、猪衣原体病鉴别诊断。

【防　制】

1. 预防 ①由于蚊子是传播本病的媒介,所以,在有蚊虫季节,猪场内要用药物喷洒等措施消灭蚊子。同时要清除蚊子孳生的场所,如排除场内的积水、铲除青草等。②由于蝙蝠也带有本病的病毒,所以,要控制或消灭蝙蝠,决不能让其进入猪舍。同时在猪舍内要架上铁丝网,防止野鸟进入舍内。③控制本病的积极措施是给猪注射疫苗。目前研制的疫苗有弱毒疫苗和灭活疫苗。弱毒疫苗有 2～8 减毒株,5～3 减毒株,14～2 减毒株。灭活苗有鼠脑灭活苗、鸡胚灭活苗、鼠肾灭活苗。免疫程序为:青年公母猪在发病季节前 6 周,每头肌内注射弱毒疫苗 1 毫升,间隔 14 天后再注射 1 次。怀孕母猪用灭活苗肌内或皮下注射 5 毫升。实践证明,安全有效。

2. 治疗 本病目前尚无有效治疗药物。只有根据病猪临床症状,进行对症治疗。

(十二)东部马脑脊髓炎

仔猪东部马脑脊髓炎简称东部马脑炎。是由东部马脑炎病毒所引起仔猪的一种地方性传染病。本病的特征为脑炎,出现神经症状。

【流行特点】 本病除感染猪外,也感染人,每年都有人感染该病的报道。多种鸟类是本病的宿主和病毒增殖者。人工感染哺乳仔猪能形成高滴度的病毒血症。并从口、咽部、肛门、扁桃体分离出病毒。因此,被感染的仔猪是媒介载体和哺乳动物的传染源。

【临床症状】 本病主要感染哺乳仔猪。病猪精神沉郁,食欲减退,运动失调,平卧或侧卧,出现抽搐等神经症状。只有一过性体温升高。最后衰竭,死亡。

【病理变化】 本病不论自然感染还是人工感染都不能见到感染猪的肉眼病变。组织镜检时,脑炎的特征性病理变化是炎性细胞介入,形成血管套,病毒的嗜神经特性,导致神经原坏死,神经小结胶质增生,软化。在血管内见有无色或呈颗粒状的血栓。病变主要在脑的灰质和脊索,白质也受到影响。还见到脑膜上有炎性细胞斑。人工感染猪也产生多灶性心肌坏死。未见间质性出血病变。同时,感染猪还会出现坏死性肝炎。

【诊　断】 ①根据当地马匹和仔猪的发病情况,临床症状,尤其出现脑炎的神经症状,可怀疑为本病。②采取病死仔猪的脑、肝、心肌、脊索和扁桃体研磨制成悬液,离心,取上清液接种仓鼠肾细胞进行培养繁殖,可见到细胞病变。同时,可进行中和试验或用电镜检查病毒。③用免疫组织法和酶联免疫吸附试验检查组织中的病毒抗原。④本病应与猪传染性脑脊髓炎、血凝性脑脊髓炎鉴别诊断。

【防　制】

1. 预防　用马的疫苗给母猪免疫注射,使母猪产生母源抗体,通过初乳将母源抗体传递给仔猪,可对断奶早期猪起到保护作用。接种过疫苗的母猪所生的仔猪没有临床症状,不发热,也没有组织学病变,所以,此苗安全、有效。

2. 治疗　目前没有特效的治疗药物,只有采取对症治疗措施。

（十三）脑-心肌炎

仔猪脑-心肌炎是由脑-心肌炎病毒所引起仔猪的一种致死性传染病。本病的特征为脑炎、心肌炎或心肌周围炎。

【流行特点】　仔猪易感性强,20日龄以内的仔猪可发生致死性感染。断奶仔猪和成年猪多为亚临床感染。病猪和啮齿动物及带毒动物为本病的传染源。病猪和带毒鼠类粪便中含有大量病毒,通过消化道将病毒排出体外,污染环境、饲料和饮水,经消化道而感染仔猪。怀孕母猪感染本病毒后,通过胎盘直接感染胎儿,也可通过母乳传染给仔猪。该病的发病率为2%～50%,病死率为100%。

【临床症状】　本病人工感染的潜伏期为2～4天。

1. 最急性型　仔猪在没有前期症状的情况下突然死亡,或短时间兴奋,虚脱死亡。

2. 急性型　病仔猪短暂发热($41℃～42℃$),食欲减退或拒食,精神沉郁。震颤,步态蹒跚,呕吐,腹泻。呼吸困难,虚脱,渐进性麻痹。断奶仔猪和成年猪为亚临床症状。怀孕母猪在妊娠后期发生流产、死产、木乃伊胎或弱胎。

【病理变化】 可见胸、腹部皮肤发绀,胸腹腔和心包积液,并含少量纤维蛋白。脑膜充血和轻度炎症,脑可见点状神经元变性区。心脏苍白,心肌炎和心肌变性,心肌有白色或灰黄色区,在灶性病变上可见白垩中心或在散在区域有白垩斑点,以右心室外膜最多见。肺充血、水肿。脾褪色。肝充血,轻度肿胀。

【诊 断】 ①根据临床症状和剖检变化,取病死仔猪的心脏切碎后,喂饲小鼠,4～7天内死亡,可做出初步诊断。②采取病死猪心脏的右心室和脾,研碎制成乳剂,加青霉素和链霉素后离心,取上清液,给小白鼠脑内或腹腔注射,经2～5天,小鼠后腿麻痹而死,剖检可见脑炎和肾萎缩等。接种6周龄仔猪,每头肌注40毫升,可引起仔猪死亡。③采取病死仔猪的心脏、脾或肝,制成悬液,接种鼠胚成纤维细胞进行初步分离,可使细胞很快完全崩解。可用特异性的中和试验做出鉴定。④用中和试验和血凝抑制试验检测血清中的抗体,效果均很好。⑤本病应与仔猪白肌病、败血性心肌梗死、猪水肿病等鉴别。

【防 制】

1. 预防 ①本病为自然病原性人畜共患传染病,是由于鼠类传播的。因此,在猪场内要消灭鼠类等啮齿动物,要防止鼠类偷食或污染饲料和水源。②加强饲养管理,搞好环境卫生和消毒工作。③经常观察猪群,发现病仔猪应立即隔离、确诊,对病死猪进行无害化处理,并对猪舍做好消毒工作。④耐过的猪要避免移动,以防心脏病的后遗症而导致死亡。⑤美国已研制出防制本病的灭活苗,免疫猪能产生高水平的免疫力,抵抗本病。应用细胞培养增殖病毒,用甲醛灭活后制成油乳剂灭活疫苗,母猪皮下或肌内注射5毫升,有较好的免疫效果。

2. 治疗 目前尚无有效的治疗药物。对于有病仔猪只有对症治疗。对病猪应加强护理,减少应激刺激,降低病死率。

(十四)包涵体鼻炎

仔猪包涵体鼻炎也叫细胞巨化病毒感染。是由细胞巨化病毒引起的一种传染病。本病的特征为鼻炎,从鼻孔流出浆液性分泌物,打喷嚏,流泪。在巨细胞内有嗜碱性核内包涵体。

【流行特点】 本病常在5周龄以内的猪中发生,2周龄以内的仔猪易感性最强。4月龄以上的猪无明显症状。对未获得母源抗体的仔猪,常呈致病性的全身感染。病猪和带毒猪是主要传染源。在猪的眼、鼻分泌物,尿液、子宫颈液、睾丸及附睾中均有病毒。病毒排出体外后,经过呼吸道而水平传播。也可通过交配传播。胎儿经母体可垂直感染。仔猪通过母猪飞沫而受到感染。仔猪断奶后,即3~8周龄时会造成本病大流行。猪感染后可终生带毒,通过运输、寒冷、分娩等应激因素的刺激,引起再次排毒。本病多呈地方性流行。一般病死率不高,最高为20%。

【临床症状】 本病的潜伏期2~10天。未获母源抗体的新生仔猪,感染后表现食欲不振,打喷嚏,流鼻液、鼻塞,呼吸困难。有眼眵,精神沉郁等症状。康复后发育受阻,或成为僵猪。4~6周龄的仔猪表现呼吸症状,发育不良或成为僵猪。自然感染猪,呼吸困难,打喷嚏,震颤等。妊娠母猪感染后出现食欲不振,精神委靡、发呆 ,有时产死胎、木乃伊胎。所生的部分仔猪贫血,颈部、胸部、下腹部及附关节附近皮下水肿。病死率很低,多数病猪3~4周恢复。

【病理变化】 病仔猪可见鼻腔粘液增多,粘膜有大量小坏死灶。颌下腺、耳下腺及淋巴结肿胀,点状出血。肺间质水肿,尖叶和心叶有肺炎病灶。肾肿胀、出血。全身皮下组织水肿。仔猪和胎儿全身感染可见广泛性出血和水肿。日龄稍大的猪可见淋巴结和实质器官的血管内皮及窦状细胞有包涵体。在鼻粘液腺、泪腺和肾小管上皮,见有嗜碱性核内包涵体和巨细胞化为本病的特征。

【诊　断】　①从病死猪采取鼻腔粘膜和肾组织,放入10%甲醛溶液中,染色镜检,可见肿大细胞核内有包涵体。②采取鼻粘膜用含有青霉素和链霉素缓冲液洗涤,剪碎,研磨,制成1:10悬液,离心,取上清液,接种于原代猪胎肺细胞进行培养,出现病变后,检查包涵体,同时进行中和试验。③采取病猪鼻粘膜,切片或涂片,用荧光抗体直接染色,或用间接荧光检查感染肺的巨噬细胞。④本病应与猪萎缩性鼻炎、伪狂犬病、猪腺病毒感染、细小病毒感染及猪流行性乙型脑炎等相区别。尤其是本病与猪萎缩性鼻炎症状相似,两者必须进行区别诊断。萎缩性鼻炎主要病理变化是鼻甲骨明显萎缩,鼻和面部变形,很少死亡。本病主要侵害上皮组织,鼻甲骨无萎缩,新生猪易引起死亡。再有两者病原不同,前者为细菌,后者为病毒。

【防　制】

1. 预防　①加强饲养管理,搞好卫生消毒工作。引进新猪时必须隔离,检疫,无病时才能入群。②加强管理,对猪舍及运动场的粪便要及时清除,堆积发酵处理。对地面、用具、工作服等定期进行全面消毒。同时,要供给全价饲料,提高仔猪抵抗力。目前,尚无防制本病的疫苗。

2. 治疗　目前尚无有效的治疗药物。在发病时,可用抗生素控制细菌的继发感染。此外,还应对症治疗。

（十五）流行性感冒

仔猪流行性感冒简称猪流感。是由 A 型流感病毒引起仔猪的一种急性、热性、高度接触性呼吸道传染病。本病的特征为突然发病，咳嗽，呼吸困难，发热，衰竭和康复迅速。

【流行特点】 一年四季均可发生，但在晚秋、冬季和早春，天气骤变时多发。病猪和带毒猪是主要传染源。病毒在鼻粘膜、扁桃体、气管、支气管及肺脏中繁殖，肺脏是主要的靶器官，病毒随分泌物排出体外，病猪和健康猪直接接触，通过飞沫和粉尘颗粒，经呼吸道感染易感猪。所以，呼吸道是主要的感染途径。怀孕母猪在分娩前 40 天感染时，可通过胎盘感染胎儿，造成流产，新生仔猪死亡。一般 2～3 天内会波及全群，或一个地区，常呈地方性流行或大流行。本病通过隐性和慢性感染，在猪群中可长期保留本病，不易根除。如果阴雨、寒冷潮湿、贼风、运输、拥挤、营养不良及饲料突变会降低猪的抵抗力，可促进本病的发生。猪由于吃了含病毒的肺丝虫的幼虫也可感染。如有猪嗜血杆菌、巴氏杆菌和肺炎双球菌伴发或继发感染，可使病情加重。本病发病率高，可达 100%，但病死率低，不超过 10%。

【临床症状】 潜伏期 2～7 天。病猪突然发病，体温升高到 40.3℃～41.5℃。呼吸困难，咳嗽，打喷嚏。眼结膜炎和鼻炎，从眼和鼻流出浆液性或脓性分泌物。肌肉、关节有痛感，用手触摸时表现敏感。精神沉郁，食欲减退或拒食。四肢无力，喜卧，常见病猪挤堆。如有细菌感染，病情加重，发生肺炎或肠炎而死亡。非典型病猪，发病缓慢，症状轻，个别的转为慢性，长期咳嗽，消化不良、消瘦，病期长达 1 个月以上。

【病理变化】 本病的病变主要在上呼吸道。鼻、咽喉、气管、支气管粘膜充血,气管内充满大量无色带有泡沫的粘液,有时混有血液。胸腔积液。肺水肿,有的气肿,肺边缘发炎,严重的边缘呈紫红色。肺膨胀不全,塌陷,周围组织苍白、气肿,并有淤血性出血点。脾肿大。颈、纵隔、肺门淋巴结水肿,充血,切面外翻、多汁。有的见胃肠卡他性炎症。

【诊　断】　①根据流行情况、临床症状及病理变化,不难确诊。但最好进行病原检测。②采取 3～4 日病猪的鼻分泌物、气管或支气管渗出物,加甘油盐水悬浮,或采取脾、肺及淋巴结制成乳剂接种鸡胚,放于 35℃ 孵化。由于该病毒不能致死鸡胚,所以,在 72～96 小时收集羊水和尿液,做血凝和血凝抑制试验。如不出现血凝反应即判为阴性。③采取病猪肺支气管渗出物或仔猪咽部粘液,滴入麻醉的小白鼠鼻内,3～4 天后小鼠发病死亡,并产生特征性的细胞病变。④可用血凝抑制试验、间接免疫荧光试验、酶联免疫吸附试验等检测本病,效果很好。⑤本病应与猪气喘病、胸膜肺炎、包涵体鼻炎、猪繁殖-呼吸综合征等鉴别诊断。

【防　制】

1. 预防　①加强饲养管理,保持猪舍内清洁、干燥、温暖,垫草要勤起勤换。舍内清扫后要定期进行消毒。在寒冷的季节不要长途运输猪只。发现猪肺丝虫病,应及时防治。②一旦发病,应采取封锁、隔离措施。多补给含维生素的新鲜饲料,供给充足的清洁饮水。对新生仔猪要加强管理,让其吃饱母乳。③目前已有减毒疫苗和灭活疫苗两种,有人用活疫苗经皮下或肌内接种猪,可产生免疫力,保护猪只。另外,原捷克斯洛伐克研制的流感疫苗已用于生产实际。

2. 治疗　①本病目前尚无有效的治疗方法,只有采取对症治疗。②为了控制细菌感染,可用抗生素或磺胺类药物进行治疗。解热镇痛可用 30％安乃近注射液 3～5 毫升肌内注射。同时,可用感冒冲剂或板蓝根冲剂口服。均有一定的效果。

(十六)猪 痘

仔猪痘俗称天花。是由猪痘病毒和痘苗病毒所引起仔猪的一种急性、热性、接触性传染病。本病的特征是在皮肤和粘膜上出现红斑、丘疹、水疱、脓疱和结痂。

【流行特点】 4～6 周龄的仔猪对本病易感性最强,而且多发。本病主要由猪虱、蚊、蝇等吸血昆虫传播。在没有昆虫时,可能会发生水平传播,因为猪痘病毒可从病变部位及口、鼻的分泌物中排出。此外,皮肤损伤也是病毒进入猪体的途径。本病在春季和蚊、蝇季节多发,呈地方性流行。猪舍拥挤、潮湿、卫生条件差,营养不良等应激因素,均可诱发本病。4 月龄前的仔猪发病率高达 100％,病死率低于 5％。

【临床症状】 猪痘病毒的潜伏期 3～6 天,痘苗病毒 2～3 天。病仔猪精神沉郁,食欲减退,体温升高。眼和鼻有分泌物。痘疹初期为红斑,逐渐变为丘疹,几天后形成水疱,化脓后变为脓疱,最后形成黑棕色的痂皮。受到感染时,幼猪比成年猪症状严重,乳猪可在口周围上皮发生病变或形成全身病变,在皮肤无毛处病变明显。由猪虱机械传播的病变在猪身的下侧部位,包括乳房和外阴。由蚊、蝇传播的病变在猪身的背部,包括口、鼻和两耳。偶尔也发生先天性感染。病程 10～15 天。体温降低,食欲恢复。如有继发感染,可引起肺炎和胃肠炎,或引起败血症而死亡。

【病理变化】 痘疹病变主要发生于鼻盘、鼻孔、唇、齿龈、颊部、乳头、齿板、腹下、腹侧、四肢内侧及背部皮肤。死亡猪的咽、口腔、胃和气管也常见疱疹、卡他性或出血性炎症。如有细菌感染,见有肺炎和胃肠炎。

【诊　断】　①根据发病情况,临床症状,尤其在皮肤上见有痘疹很厚,易确诊。但为更准确起见,应对病原进行检查。②采取痘疹的水疱液、痂皮,制成悬液,用青霉素和链霉素处理后,用特异的参照血清进行中和试验,或用电镜观察病毒。③取水疱液和痂皮制成匀浆悬液,接种家兔,如果接种部位出现痘疹则是痘苗病毒,不出现痘疹则是猪痘病毒。④有条件的可进行组织学检查,上皮细胞核的空泡具有特征性的诊断的意义。

【防　制】

1. 预防　①加强饲养管理,供给全价饲料,提高仔猪的抵抗力。搞好舍内的清洁卫生和消毒工作。②要消灭猪虱和蚊、蝇,控制传播媒介,减少本病发生。③对猪群要经常观察,发现猪只的皮肤损伤应立即进行治疗。④引进猪只时,一定要进行隔离检疫,确认无病后才能入群。⑤猪痘病毒与痘苗病毒无交叉免疫。发病康复猪能产生坚强免疫力。目前尚无有效疫苗应用。

2. 治疗　目前尚无有效的治疗药物。用康复猪的血清治疗有一定效果。为预防细菌感染可用抗生素进行治疗。同时,也可对症治疗。

(十七)腺病毒感染

仔猪腺病毒感染是由腺病毒所引起仔猪的一种传染病。本病的特征为脑炎、肺炎、肾炎、腹泻。

【流行特点】　本病的发生无明显的季节性。仔猪易感性较高。病猪和带毒猪是主要传染源。哺乳仔猪因有母源抗体,发病较少。断奶后的仔猪最易感染和发病。病猪和带毒猪通过粪便将病毒排出体外,污染饲料、饮水、环境,健康仔猪主要经过消化道而感染,也可经呼吸道感染。如果受寒冷、拥挤、突然更换饲料、运输等应激因素刺激可诱发本病。有其他疾病,如气喘病和传染性胸膜肺炎等混合感染,可使病情加重。

【临床症状】 人工感染的潜伏期3～4天。病仔猪精神不振,食欲减退。腹泻,排出软便或水样便,肛门周围沾满粪污。有时呕吐,出现呼吸症状。站立不稳,共济失调,肌肉震颤,经常卧地不起。生长发育缓慢。多数病仔猪耐过,病死率低。

【病理变化】 肠为出血性炎症,肾有出血性瘀斑,肺膨胀不全。镜检时肺泡间隔增厚,为间质性肺炎。肾小管营养不良、萎缩,毛细血管扩张。脑组织可见脑膜脑炎病变。肠系膜淋巴结肿大,切面外翻多汁。大小肠发炎,内容物为黄色稀便。空肠后段和回肠绒毛发育不良。

【诊 断】 ①根据本病的流行特点,临床症状,如脑炎、肺炎、肾炎、腹泻,剖检可见肠炎、肾有瘀斑、肺膨胀不全,可怀疑本病。最好对病毒进行检测。②通过细胞培养,分离病毒。采取病变组织,制成悬液,离心,取上清液接种于猪肾原代细胞,盲传,会出现病变。③采取培养后感染的细胞制片,染色,镜检,可见核内包涵体。如将感染的细胞裂解物负染,在电镜下可见到该病毒粒子。④采用病毒中和试验、琼脂扩散试验、间接荧光抗体试验、血凝和血凝抑制试验检测本病,效果很好。⑤本病应与猪脑脊髓炎、传染性胸膜肺炎等鉴别诊断。

【防 制】

1. 预防 ①加强饲养管理,供给全价饲料。②搞好清洁卫生与消毒工作,对猪舍的粪便要经常打扫,定期进行消毒。对饲料、饮水要防止粪便污染。③舍内仔猪的饲养密度要适宜,冬、春季做好防寒保暖工作,减少各种应激刺激。④目前,防制本病尚无疫苗。

2. 治疗　目前尚无特效的治疗药物，只有对症治疗。但为预防支原体和胸膜肺炎放线杆菌诱发肺炎，使病情加重，可用抗生素进行治疗。

（十八）肠病毒感染

仔猪肠病毒感染是由肠病毒所引起的一种综合征。本病的特征为脑脊髓炎、腹泻、肺炎、心包炎和心肌炎，妊娠母猪生殖障碍。

【流行特点】　本病只感染猪，不感染其他动物。不同年龄、性别、品种的猪均有易感性，但仔猪比成年猪易感性强。病猪、带毒猪和康复猪是主要传染源。病毒感染猪后主要存在于肠管，随粪便排出体外，污染饲料、饮水及周围环境，健康猪经过消化道和呼吸道而感染。此外，也可通过眼结膜和生殖道粘膜感染。本病多为散发或呈地方性流行。病死率低，常呈隐性感染。

【临床症状】

1. 脑脊髓炎　初期病猪体温升高，食欲减退，精神沉郁，运动失调。严重时，眼球震颤，痉挛，嗜眠。随后麻痹，呈犬坐姿势，或卧地不起。用声音刺激或触摸时，出现四肢运动共济失调，眼球突出。该型病例主要见于仔猪，3～4 天死亡。

2. 腹泻　只有本病毒感染时，腹泻较轻，时间短。如有其他病毒或细菌同时感染时，腹泻严重。

3. 肺炎　病猪咳嗽，打喷嚏，食欲不振，呼吸加快，精神沉郁。

4. 心包炎和心肌炎　由于心包和心肌发炎，常引起病仔猪突然死亡。

5. 生殖障碍　怀孕母猪感染后,没有临床症状,主要表现死胎、流产、木乃伊胎。新生仔猪出现畸形和水肿。体弱仔猪5日内死亡。

【病理变化】　病死猪可见肺的心叶、尖叶及中间叶出现灰色实变区,肺泡及支气管内有渗出液。严重的病例有心肌坏死和粘液性纤维素性心包炎病变。死亡胎儿见皮下及肠系膜水肿,胸腔和心包积液。脑膜及肾皮质有小出血点。有的病死猪,无可见的病理变化。

【诊　断】　①根据病猪的临床症状及母猪流产、死胎、木乃伊胎,可怀疑此病。为进一步确诊,应进行病原学检查。②采取病死猪、死胎、畸形胎的扁桃体、肺、肝、脑及粪便制成悬液,接种鸡胚、肾、肠及 PK-15 细胞,培养 3～6 天,观察细胞病变。③采取病猪急性期和恢复期的血清,检查抗体效价。用已知抗血清与被检材料的悬液,进行中和试验。④本病应与猪细小病毒病、猪乙型脑炎、猪繁殖-呼吸综合征、猪瘟等鉴别诊断。

【防　制】

1. 预防　①对与肠病毒有关的繁殖障碍用管理方法来预防。小母猪在繁殖前,用 1 个月以上的时间与地方性流行的猪肠病毒接触,如果猪从出生到繁殖饲养在一个猪舍内,通过与不同时间断奶仔猪的混养,即可达到这种效果。对于早期隔离的后备母猪,可通过与新近断奶仔猪的粪便接触,使其感染此病毒。如果将新鲜的仔猪粪拌入饲料中,或用饲料包裹好的仔猪粪便(此粪便最好从不同日龄断奶仔猪圈舍中收集,混在一起应用)饲喂后备母猪。②加强饲养管理,培育健康猪群,是防制本病的上策。③国外有人用肠病毒 Ⅰ 型株在猪肾细胞连传 100 代以上,研制成弱毒疫苗或灭活疫苗。由于本病有多种血清型，所以，应用多型毒株制成联苗，进行免疫接种，效果会更好。国外采用免疫接种结合扑杀病猪、带毒猪的措施，控制或消灭了本病。

2. 治疗　本病目前没有特效的治疗方法，只有采取对症治疗。

（十九）传染性水疱病

仔猪传染性水疱病，简称水疱病。是由水疱病病毒所引起仔猪的一种急性传染病。本病的特征是蹄、口、鼻盘及乳头部位的皮肤和粘膜发生水疱、烂斑。

【流行特点】　本病一年四季均可发生，以冬春季多发。仔猪较成年猪敏感。病猪和带毒猪是主要传染源。病猪的所有器官和组织均含有病毒。通过粪便、尿液、唾液、乳汁、水疱皮和水疱液排出病毒，污染圈舍环境、饲料、饮水、工具等，病猪与健康猪直接或间接接触，经消化道而感染。使用未经消毒的泔水、屠宰下脚料、污染的肉食品及场所也可使健康猪感染发病。病毒也可经损伤的皮肤而感染发病。掩埋病死猪地点的土壤表层中的蚯蚓体内外也含有病毒，可引起本病发生。猪只大量集中，频繁调动，气候突然变化，饲养密度大，卫生不好，潮湿等，均可诱发本病。本病发病率高达 70%～80%，但病死率低。分散饲养的猪，很少发病。

【临床症状】　潜伏期 2～5 天。人工感染最短为 36 个小时。病猪体温升高至 40℃～42℃，精神沉郁，食欲减退或拒食。在口腔粘膜、鼻盘发生水疱，初生仔猪病死率高。有的猪出现神经症状，如转圈、前冲、牙咬工具，甚至于强直痉挛。病程一般 10 天左右，可自愈。但初生仔猪容易引起死亡。

【病理变化】　可见口腔、鼻盘、蹄部出现大小不等的水疱,破裂后水疱皮脱落,露出创面出血、糜烂和溃疡。内脏无明显病理变化。有的局部淋巴结出血或心内膜有条纹状出血。

【诊　断】　①根据发病情况,临床症状,尤其在口、鼻、蹄部出现水疱,可怀疑本病。但应对病原进行检测才能确诊。②取新鲜水疱的水疱皮或水疱液制成悬液,接种2日龄乳鼠和9日龄乳鼠各一窝。如2日龄乳鼠死亡,9日龄乳鼠存活,可断定为水疱病。③可用补体结合试验、中和抗体试验、琼脂扩散试验、正向间接血凝试验检测本病,效果很好。④本病在临床上与猪水疱性口炎、猪水疱疹、猪口蹄疫很相似,难以判断,为此,应进行病原体鉴别诊断。

【防　制】

1. 预防　①平时对猪群经常观察,发现病猪尽快确诊,并立即向上级主管部门报告。同时,对猪场采取封锁、隔离措施。②要防止本病从疫区向非疫区扩散,禁止病猪及其产品流通,泔水和屠宰下脚料要煮沸后再用。引进和输出猪只,要做好检疫工作。③对猪舍和运动场上的粪便要每天及时清除,对地面、用具等可用2%氢氧化钠溶液进行消毒。对饲料和饮水要严加保管防止粪便污染。④对疫区和受威胁区采取疫苗注射,可预防本病发生。应用鼠化弱毒疫苗和细胞培养弱毒疫苗,肌内注射,注后4~8天产生免疫力,保护率达80%,免疫保护期达6个月以上。也可用仓鼠组织灭活苗和细胞培养灭活苗接种猪只,效果也很好。也可用猪水疱病高免血清预防注射,每千克体重0.1~0.3毫升,保护率达90%以上,免疫保护期1个月。

2. 治疗　本病目前尚无有效的治疗药物。只有采取对症治疗,如用高锰酸钾溶液洗涤患部,涂上碘甘油或龙胆紫,或撒上冰硼散。

(二十)水疱性口炎

仔猪水疱性口炎是由水疱性口炎病毒引起的一种急性、热性、人畜共患传染病。本病的特征为口腔粘膜发生水疱,流出泡沫样口涎,有的蹄部发生疱疹。

【流行特点】 本病在夏、秋季节多发,到冬季停息。常为散发。在疫区内每年均有发生,不易根除。仔猪比成年猪易感性高,随年龄增长而感染性降低。病猪和带毒野生动物是主要传染源。病猪通过唾液和水疱液而散播病毒。健康猪通过损伤的皮肤和粘膜而感染。在夏季,白蛉、伊蚊和螨也能传播本病。另外,污染的兽医器材也能在猪群中传播该病。发病率为1.7%~7.7%,一般无死亡。

【临床症状】 自然感染的猪潜伏期2~5天,人工感染只有1天。病初,体温升高达40.5℃~41.5℃。精神沉郁,食欲减退或不食,流涎。有的病猪鼻部、口腔、蹄部出现大小不等的水疱,鼻部水疱较常见,蹄叉较蹄冠部的水疱多见。水疱内含有黄色透明的液体,水疱破溃后出现糜烂和溃疡。病猪喜卧,走路困难,常见跛行。如果水疱继发感染,会使病情加重,可导致蹄壳脱落,露出真皮面出血,在无并发症的情况下,1~2周可康复。

【病理变化】 本病无明显的内脏病理变化。

【诊　断】 ①根据发病季节多在夏、秋季,发病率和病死率低,在口腔粘膜上发生水疱和流涎,可初步确诊。但应进行病原的检测。②无菌采取水疱液或水疱皮制成匀浆,取上清液,肌内注射10只成年鼠,每只0.5毫升,观察3~5天,如10只鼠均死亡时,可判为本病毒所致。③无菌采取水疱液,接种于猪肾组织细胞,37℃培养2~3天,可见细胞病变及蚀斑。④可采用中和试验、补体结合试验、琼脂扩散试验、免疫荧光试验及酶联免疫吸附试验检测本病,效果明显。⑤本病应与猪口蹄疫和水疱病进行区别诊断。用 5 倍量的生理盐水,稀释本病的水疱液给牛肌内注射不发病,而口蹄疫的水疱液给牛肌内注射发病。猪水疱病的水疱液对牛无致病作用。

【防　制】

1. 预防　①加强饲养管理,做好猪舍的清洁卫生和消毒工作。在猪舍内要消灭昆虫等吸血动物,如白蛉、伊蚊和螨,以防传播本病。②要经常观察猪群,发现粘膜和皮肤损伤的猪应立即隔离,进行对症治疗。③对于平时使用的兽医器械,一定做好消毒工作,防止传播本病。④本病毒在猪体内能产生免疫力,抵抗同种病毒的感染。我国已研制出鸡胚毒灭活疫苗,对发病地区的猪只免疫接种,有良好的预防作用。在常发地区,也可用水疱液和痂皮匀浆液制成灭活苗,进行免疫接种。

2. 治疗　本病目前尚无有效的治疗方法。对病猪立即隔离,加强护理,同时进行对症治疗。

（二十一）水 疱 疹

仔猪水疱疹是由水疱疹病毒引起仔猪的一种急性、热性传染病。本病的特征是在口、鼻、乳腺和蹄部形成水疱和溃疡。

【流行特点】　本病在自然条件下,只感染猪,不感染其他动物。破溃的水疱向周围环境释放大量具有感染力的病毒。病猪和带毒猪是主要传染源。通过污染的饲料、饮水、屠宰下脚料、肉食品垃圾,经消化道而感染健康猪。有人从海兽如海狮、海象、海狗及红鼻海豚分离出该病毒。所以海洋中的海兽也是一类传染源。再有,因残羹剩饭中也有海产品,可能通过泔水传播本病。不同品种、性别、年龄的猪均有易感性,但仔猪比成年猪易感性强。本病无明显的季节性。发病率为 10%～100%,病死率不超过 5%,但哺乳仔猪病死率高,多因鼻孔中形成水疱而窒息死亡。

【临床症状】 潜伏期 1～2 天。病猪体温升高达 40℃～40.5℃,稽留 1～2 天。同时,精神不振,厌食。在鼻盘、唇、舌、口腔粘膜、蹄冠和趾间等部位出现水疱,水疱内含有部分黄色液体,24 小时后水疱破溃,皮肤上出现糜烂和溃疡。与此同时,走路出现跛行。严重的病猪继发细菌感染可致蹄壳脱落,不能走路,起卧困难,流涎,不食。驱赶时发出叫声。妊娠母猪可能流产。病程 5～7 天。如无继发感染,多数病猪完全恢复。

【病理变化】 主要病变在患部出现水疱,尤其是口腔粘膜、蹄部的水疱。由于上皮受损,使上皮细胞核崩解或皱缩。病变部的局部坏死,病变周围细胞变性,水肿,皮下组织充血、出血。局部淋巴结充血、水肿,大量淋巴细胞遭到破坏。真皮层有大量多形核白细胞浸润。

【诊 断】 ①根据临床症状,如高热稽留,在鼻、口、蹄部有水疱,跛行,流涎等可怀疑为本病。最好对病原进行检查才能确诊。②取新鲜水疱液或水疱皮制成悬液,给乳鼠或乳仓鼠经皮下或腹腔注射,猪的水疱疹则不发病,如出现水疱者可能是水疱病或口蹄疫。③采取新鲜水疱液或水疱皮,接种猪肾组织细胞,放于 37℃条件下进行培养,1～2 天后,可能出现细胞病变。④取新鲜水疱液或水疱皮做补体结合试验或中和试验,效果很好。⑤本病应与猪口蹄疫和水疱病进行鉴别诊断。

【防 制】

1. 预防 ①由于海产品容易传播本病,所以,最好不要从饭馆取泔水及厨房下脚料喂猪。必须喂时,一定将泔水及厨房下脚料煮熟以后才能喂饲。②海关对海产品加强检疫,从国外来的船只、飞机上卸下的残羹剩饭,一律进行销毁或做无害化处理,以防传播本病。③由于康复猪最低能保持6个月的免疫保护期,所以可用水疱皮试制灭活疫苗,免疫接种后保护期可达6个月。同时,用同型或多型抗血清,也有一定的保护作用。

2. 治疗 ①本病目前尚无有效的治疗药物,只有对症进行治疗。②对病猪加强护理,供给柔软或稀饲料和清洁的饮水。③为预防继发感染,可用抗生素或磺胺类药物进行治疗。④用0.1%高锰酸钾溶液清洗口腔,再涂以碘甘油。蹄部用来苏儿清洗后,再涂以鱼石脂软膏。乳房用肥皂水清洗后,涂以氧化锌软膏。

二、仔猪细菌病

(一)仔猪黄痢

仔猪黄痢也叫新生仔猪大肠杆菌病,或称早发性大肠杆菌病。是由大肠杆菌所引起的新生仔猪的一种肠道传染病。本病的特征为剧烈腹泻、排黄色或黄白色稀便,急性死亡。

【流行特点】 本病在炎夏和寒冬常发,春、秋发病较少。1～3日龄初生仔猪多发,7日龄以上很少发病。发病率为90%以上,致死率很高,窝病死率达100%。带菌母猪是主要传染源。带菌母猪的粪便排出病菌,污染母猪乳头和皮肤,仔猪通过哺乳或舔食母猪的乳头和皮肤经消化道而感染。本病传播迅速,见有1头仔猪发病,很快感染全窝。猪场卫生条件不良,仔猪密度大,相互串动,寒冷,潮湿等应激因素,均可诱发本病。头胎母猪发病严重,以后随胎次增加,所产仔猪症状减轻。

【临床症状】 潜伏期短的8～10小时,长的达24小时。最急性的看不到症状而突然死亡。生后2～3天,仔猪突然腹泻,排出黄色或黄白色稀便,具有腥臭味。在仔猪的尾、会阴、后肢毛上沾有粪污。病猪衰弱,四肢无力,口渴、脱水、消瘦、体重迅速下降30%～40%。精神沉郁,反应迟钝,皮肤呈蓝灰色,最后昏迷而死亡。

【病理变化】 病仔猪皮肤发干、皱缩,口腔粘膜苍白、干燥。在仔猪的颈部和腹部常见水肿。主要病变为急性卡他性胃肠炎,特别是十二指肠最严重,其次为空肠和回肠,结肠较轻。胃粘膜水肿,并有粘液。小肠内充满黄色粘稠物,肠腔扩张,肠壁变薄,肠粘膜为红色。肠系膜淋巴结有小出血点。肝、肾有小凝固性坏死。

【诊　断】 ①根据发病情况,临床症状,尤其2～3日龄仔猪排出黄色或黄白色稀便,剖检可见急性卡他性胃肠炎,可初步确诊。但应采取病料,进行病原学检查。②在小肠前部采取内容物,划线培养于麦康凯琼脂培养基上,在37℃培养18～24小时,挑取红色菌落,再接种于血液琼脂培养基上,培养18～24小时,会出现溶血现象。挑取菌落,革兰氏染色,镜检,可见革兰氏阴性中等大小杆菌。③将分离的致病性大肠杆菌18～24小时的培养液,灌服于未吃初乳的仔猪,12小时后会出现本病的临床症状,可以确诊。④本病应与仔猪红痢、猪痢疾、传染性胃肠炎、流行性腹泻、轮状病毒性腹泻鉴别诊断。

【防 制】

1. 预防 ①加强饲养管理,做好护理工作。对于猪的产房和仔猪舍要保持清洁、干燥,产前和进仔前均要进行彻底消毒。母猪产后可用 0.1%高锰酸钾溶液清洗乳头及乳房的皮肤。②母猪在产前 48 小时内用氧氟沙星 0.3～0.4 毫克/千克体重,肌内注射,每天 2 次,连用 2 天。还可用微生态制剂康大宝,调节仔猪肠道微生物区系的平衡。最好安排母猪在春、秋干燥季节产仔,可减少本病的发生。③哈尔滨兽医研究所已研制出大肠杆菌 K88、K99 二价基因工程活菌苗,妊娠母猪在分娩前 10～20 天,耳根深部皮下注射 1 毫升,保护抗体可通过初乳传递给仔猪,以预防本病的发生。有条件的猪场,可利用本场分离的致病菌制成灭活菌苗或制成抗血清或经产母猪的血清,进行注射或口服。

2. 治疗 ①发现病仔猪应及时隔离和治疗。螺旋霉素 0.5～1 毫升肌内注射,每天 2 次,连用 2 天。②5%碳酸氢钠溶液 10 毫升,5%葡萄糖盐水 10～20 毫升,混合后腹腔注射。③给母猪服用猪痢停 30 克,分 2 次拌料喂服,连用 2 天。也可通过初乳治疗本病。

(二)仔猪白痢

仔猪白痢也叫迟发性大肠杆菌病。是由致病性大肠杆菌所引起的仔猪一种急性肠道传染病。本病的特征为排出灰白色、浆糊状稀便,带有腥臭味。

【流行特点】 本病一年四季均可发生,以严冬、早春和炎热的夏季发病较多。2～3 周龄仔猪多发,7 日龄以内、30 日龄以上的仔猪很少发病。如果猪舍卫生条件不好,气候突变,圈舍内寒冷潮湿,饲料突然更换,饲料品质不好,母乳过浓或过稀,都可使仔猪的抵抗力降低,均可诱发本病。病猪体内大肠杆菌随粪便排出污染食物,健康猪经口而感染发病。1 头仔猪发病后,全窝仔猪很快发病,常一窝连一窝地发生,窝发病率为 50%,病死率低。

【临床症状】 主要症状为腹泻,粪便呈灰白色,混有粘液,呈糊状,并含有气泡,有特殊的腥臭味。在肛门周围及尾上沾有粪污。一般体温无大变化。病仔猪吃奶减少或不食,脱水,消瘦,被毛蓬松无光泽。如果大肠杆菌进入血液时,体温升高,怕冷,精神沉郁,食欲减退,眼结膜苍白。弓背,行动迟缓,有时吐奶。喜卧垫草中。有的并发肺炎,有啰音。病程 1～2 天或 7 天。一般能自愈,如反复发病将成为僵猪。

【病理变化】 病死仔猪无特殊的病理变化。可见体表苍白,消瘦,脱水,肛门周围及尾根沾有灰白色、腥臭的稀便。肠内有浆糊状、呈灰白或乳白色的食糜和气体。肠粘膜充血、潮红,肠壁很薄为半透明状。肠系膜淋巴结水肿。有的仔猪胃粘膜充血、出血、水肿,表面附有粘液,胃内充满气体。肝肿胀,胆囊膨满。肾苍白,肺有时发炎。心肌柔软,心冠脂肪胶样浸润。

【诊 断】 ①根据发病日龄,临床症状,尤其是排出灰白色稀便,以及病理变化,可初步确诊。但必须进行病原菌检查,才能最后确诊。②有条件的单位,可用病猪的肠系膜淋巴结、肝、脾、肾等病料分离病原菌。划线接种于麦康凯琼脂平板、普通琼脂平板上,在 37℃培养 24 小时,能形成 2 毫米左右的圆形、光滑、隆起、湿润、半透明、灰色菌落。在麦康凯琼脂平板上菌落为红色。如挑取菌落,革兰氏染色,镜检,可见革兰氏染色阴性、中等大小的杆菌。③本病应与仔猪黄痢、猪痢疾、猪传染性胃肠炎、流行性腹泻、轮状病毒性腹泻鉴别诊断。

【防　制】

1. 预防　①对仔猪和母猪要加强饲养管理,搞好舍内的清洁卫生及消毒工作。圈舍内的粪便要及时清理,并对地面、用具、工作服等定期进行消毒。对母猪的乳房在仔猪吃奶前要用 0.1％高锰酸钾溶液擦洗。对垫草要勤起勤换,保持干燥。断奶后的仔猪饲料,不要突然更换。根据气候变化,应做好猪舍的防寒保暖工作。②对仔猪要经常观察,发现本病后应立即隔离,治疗。平时用 0.1％高锰酸钾溶液,让仔猪自由饮用。③有条件的单位可用自家菌苗免疫母猪,可预防本病发生。

2. 治疗　①2.5％恩诺沙星,每 10 千克体重 1 毫升,肌内注射,每天 1 次,连用 3～5 天。②磺胺脒,每千克体重 0.2 克,每天 2 次口服,连用 3～5 天。③痢炎宁注射液,5～10 毫升肌内注射,每天 2 次,连用 3～5 天。④也可用中药治疗,效果也很好。白头翁 7 克,黄连 1 克,龙胆草 4 克,共为细末,与米汤一起灌服,每天 1 次,连服 2～3 天。⑤黄连或穿心莲注射液,1.5～2 毫升,交巢穴注射,疗效较好。

(三)仔猪水肿病

仔猪水肿病也叫仔猪胃肠水肿病,或称大肠杆菌肠毒血症。是由致病性、溶血性大肠杆菌毒素所引起断奶仔猪的一种急性、散发性传染病。本病的特征为全身或局部麻痹,共济失调,水肿。

【流行特点】　本病在春、秋两季多发,以 4～5 月及 9～10 月多见。主要于断奶后 1～2 周的强壮仔猪中发生。没有规律性。发病率为 30％～50％,病死率为 80％～100％。病仔猪或健康母猪肠道内存在溶血性大肠杆菌,通过粪便排出体外,污染饲料、饮水和周围环境,经消化道感染。如果饲养管理不当,如突然更换饲料,环境和气温突变,饲料中缺乏矿物质和维生素等,均可诱发本病。该病多为散发。

【临床症状】 病仔猪精神不振,食欲减退。体温升高至40℃左右,有的正常。走路不稳,共济失调。有时转圈、过敏、惊厥、发出嘶哑的叫声。后期出现神经症状,如四肢划动呈游泳状,后躯麻痹,卧地不起,口吐白沫。眼睑、下颌、胸部和腹部水肿。病程1～2天死亡。

【病理变化】 主要特征性变化为水肿,胃壁粘膜尤其胃大弯和喷门部多见。切面流出茶色渗出液。大肠肠系膜水肿。另外,还见大肠壁、全身淋巴结及头部皮下水肿。有时胆囊水肿。肺有不同程度水肿。心包、胸腔和腹腔也有不同量的积液。心内外膜有出血点。胃内充满干燥新鲜食物,小肠空虚,结肠内容物少。

【诊　断】 ①根据发病情况,临床症状,尤其是刚断奶体壮仔猪突然死亡,剖检可见胃壁及肠系膜水肿等,可初步确诊。②采取发病仔猪的粪便或新鲜尸体的小肠前段和后段的内容物,接种于麦康凯或鲜血琼脂平板培养基上,挑取可疑菌落,经生化试验确定本菌再做肠毒素测定。③将分离的致病性大肠杆菌液体培养18～24小时,然后用培养物灌服初生仔猪,12小时后会出现与发病仔猪完全相同的症状。④本病应与猪瘟肠水肿、猪丹毒眼睑水肿、炭疽内脏和颈部水肿进行区别诊断。另外,出现神经症状应与肠病毒性脑脊髓灰质炎、伪狂犬病、猪链球菌病、仔猪副伤寒、嗜血杆菌病等鉴别诊断。

【防　制】

1. 预防 ①加强饲养管理,不要突然更换饲料。注意天气变化,防寒保暖,保持舍内清洁干燥。仔猪生后7～10天补料,在仔猪大量吃料期间,每天在饮水中加入少量食醋。在喂高蛋白全价饲料时,一定控制好饲料量。在仔猪吃料期间,每隔5～7天喂土霉素4～6片。在缺硒地区,注意补硒和维生素E。②仔猪断奶前7～10天,用仔猪水肿病多价浓缩灭活菌苗1～2毫升,肌内注射,有预防作用。

2. 治疗 ①强力水肿灵1～2毫升,肌内注射,每天2次,连用2天。②在断奶前1周或断奶后3周,每天口服磺胺二甲嘧啶1.5克,硫酸镁15～25克。③红霉素30万～60万单位,用10%葡萄糖溶液稀释后,静脉注射。病初用亚硒酸钠、维生素E及对症治疗也有一定疗效。

(四)仔猪红痢

仔猪红痢也叫梭菌性肠炎,或称传染性坏死性肠炎。是由C型魏氏梭菌的外毒素所引起仔猪的一种肠毒血症。本病的特征为出血性腹泻,肠坏死。

【流行特点】 本病在母猪产仔季节多发。主要感染1～3日龄的新生仔猪,1周龄以上的仔猪发病很少,但也有2～4周龄的仔猪和断奶仔猪发病的报道。病猪和带菌猪是主要的传染源。病原菌在部分母猪肠道中,随粪便排出体外,污染饲料、饮水、用具和周围环境等,初生仔猪接触被污染的母猪体表如乳头等,经口通过消化道而感染发病。本病发病快,病程短,病死率高。发病率最高达100%,病死率为20%～70%。

【临床症状】 潜伏期很短,在生后数小时可发病。可分4种类型。

1. 最急性型 病仔猪在生后当天发病,突然出现血痢,故称红痢。粪便恶臭,并混有坏死组织碎片及多量气泡。病猪的后躯,尤其会阴部沾满了血样稀便。日渐衰弱,喜卧,体温不高,死前腹部皮肤变黑,生后12～36小时死亡。也有的不发生腹泻而死亡的。

2. 急性型 病猪排出淡红褐色水样稀便,粪中带有灰色坏死组织碎片。脱水、消瘦,衰竭,一般在 3 日龄死亡。

3. 亚急性型 病猪持续性腹泻,病初排出黄色软便,以后变成液状,内含坏死组织碎片,呈米粥样。病猪脱水,消瘦,体质衰竭死亡。病程 5～7 天。

4. 慢性型 本病呈间歇性或持续性腹泻达 1 周以上。粪便为灰黄色粘液样。在肛门周围、尾巴和后躯沾满粪污,干燥后形成干粪痂或干粪球附于后躯和尾巴上。病猪精神尚好,而生长停滞,数周后死亡或成为僵猪。

【病理变化】

1. 最急性型 小肠严重出血,腹腔内有血样液体。空肠呈暗红色,肠腔内充满红色液体,有的包括结肠在内的后部肠腔有含血的液体。肠粘膜及粘膜下层广泛出血。肠系膜淋巴结为鲜红色。

2. 急性型 肠坏死的病变严重,但出血不明显,肠壁增厚,失去弹性,变成黄色,肠腔内容物呈血样,并含坏死组织碎片。肠粘膜呈黄色或灰色,并松散地附着坏死组织碎片。

3. 亚急性型 病变肠段严重坏死,肠壁增厚、易碎,粘膜形成坏死性假膜,如 1 条黄色的纵带。

4. 慢性型 肠道粘膜表面病变不明显,肠壁局灶性增厚,粘膜上有坏死性假膜牢固地附着在坏死区上,界限清楚。肠壁深层有明显的慢性炎症。一些实质器官如肝、脾、肾等变性,并有出血点。心包有少量积液,心外膜有小出血点。膀胱粘膜有小点状出血。

【诊　断】　①根据发病情况,临床症状,尤其是 1～3 日龄仔猪排出红痢,空肠出血和坏死可初步确诊,但必须进行病原体检测。②取肠内容物或坏死肠粘膜涂片,革兰氏染色,镜检,可见到大量的革兰氏染色阳性、两端稍钝圆的大杆菌,有荚膜,卵圆形芽胞,位于菌体中间或近端,可判为阳性。③取肠内容物接种于厌氧肉汤培养基中,37℃培养16～24小时,肉汤培养基极度浑浊,并产生大量气体,进行涂片、染色、镜检,如见到大量 C 型魏氏梭菌可以确诊。④本病应与仔猪黄痢、仔猪白痢、传染性胃肠炎、流行性腹泻等进行区别诊断。

【防　制】

1. 预防　①加强饲养管理,建立严格的卫生防疫制度,搞好猪场的卫生消毒工作。在产前,对产房和仔猪舍进行彻底清扫,对地面、用具等进行全面消毒。产前对临产母猪的腹部皮肤及乳头要进行消毒,以防感染仔猪。②初产母猪在分娩前 30 天和 15 天各肌内注射仔猪红痢灭活菌苗 5～10 毫升。经产母猪如前胎已注射过此苗,可在分娩前 15 天,肌内注射 3～5 毫升红痢灭活菌苗,对仔猪免疫保护率达 100%。③母猪产前 2 天注射长效抗菌剂 5～10 毫升,每天 1 次,连用 2天。复方磺胺-6-甲氧嘧啶注射液 20～30 毫升,每天 2 次,连用 2 天。仔猪出生后可用抗猪红痢血清早期注射,效果很好。仔猪吃奶前或以后 3 天口服氨苄青霉素片,效果也很好。

2. 治疗　①仔猪出生后吃初乳前,早期用青霉素、链霉素,每千克体重各 10 万单位,灌服,疗效较好。②强力霉素片剂,每千克体重 5～10 毫克,口服,每天 2 次。针剂每千克体重 2～5 毫克,肌内注射,每天 1～2 次,连用 2～3 天。③5% 葡萄糖溶液 20 毫升,庆大霉素 8 万单位,地塞米松 10 毫升,硫酸阿托品 4 毫克,混合静脉注射,每天 1 次,连用 3 天。

(五)仔猪副伤寒

仔猪副伤寒也叫仔猪沙门氏菌病。是由沙门氏菌所引起的仔猪的一种传染病。本病的特征为败血症,坏死性肠炎,肺炎。

【流行特点】 本病一年四季均可发生,以冬季和早春多发。本病主要感染 6 月龄以内的仔猪,以 1～4 月龄的仔猪多发。10～15 千克体重的仔猪为发病的重点猪群。病猪和带菌猪是主要传染源。病猪通过粪尿等排泄物和分泌物将病原菌排出体外,污染饲料、饮水和周围环境,经消化道而感染健康猪。也有的仔猪通过带菌母体的子宫或脐带而感染。由于猪体内带有病原菌,当猪只受到寒冷潮湿、气候突变、饲养密度过大、拥挤、饲料营养价不全、突然更换饲料、长途运输等应激因素,均可诱发本病。本病多为散发,但有时也呈地方性流行。本病多与猪瘟、猪气喘病同时发生。

【临床症状】 潜伏期 4～6 天。在临床上分急性和慢性两种类型。

1. 急性型 主要出现败血症。病仔猪精神沉郁,食欲减退,体温 41℃～42℃。病程稍长,出现呼吸困难,腹泻,腹痛。在耳根、胸前、腹下有紫斑。病程 1～4 天。病死率很高。断奶后的仔猪多为此型。

2. 慢性型 主要出现坏死性肠炎和肺炎。病猪精神不振,体温稍高、40℃～41.5℃。食欲下降。便秘和腹泻交替发生,排出灰白色、淡黄色、暗绿色粥样粪便,恶臭。有的带血和坏死组织碎片。脱水,消瘦。肺感染,咳嗽。皮肤上有痂样湿疹或紫斑。生长停滞,贫血。病程 14～21 天。最后衰竭、死亡。存活者成为僵猪。

【病理变化】

1.急性型　可见败血症病变。在耳、腹部、四肢内侧皮肤有出血斑。淋巴结肿大、出血。胃肠粘膜卡他性炎症。各脏器表层如心内外膜,咽喉、膀胱粘膜及肾脏均有出血点。脾肿大,边缘钝,呈暗紫色或蓝色,为本病的特征。肝肿大,有大小不等的坏死灶。胆囊粘膜坏死。

2.慢性型　主要病变在盲肠和结肠。肠壁坏死和溃疡,表面覆有一层灰黄色或淡绿色麸皮样物质,称为假膜,小病灶逐渐融合,形成弥漫性坏死,肠壁肥厚。肠系膜淋巴结索状肿,内部有的形成干酪样变。脾肿大,网状组织增殖。肝有黄灰色坏死点。肺的心叶、尖叶和膈叶前下缘有肺炎实变区。

【诊　断】　①根据发病情况,临床症状,尤其是败血症、大肠坏死性肠炎和肺炎,以及剖检病变,可初步确诊。但必须采取病料,送有关单位进行病原菌检查。②采取肝、脾、肾、肠系膜淋巴结等制成涂片,自然干燥,革兰氏染色,镜检,可见两端钝圆或卵圆形、不运动、无芽胞和荚膜的革兰氏阴性小杆菌。③将病料直接划线接种于硫酸铋琼脂平板培养基上,37℃经18~24小时培养,形成中心带黑色的菌落时,再将其接种于三糖铁培养基斜面,37℃培养18~24小时,如底层葡萄糖产酸或产酸产气,产生硫化氢,变棕黑色,上层乳糖不分解,不变色,可判为阳性。④本病应与猪瘟、猪痢疾进行区别诊断。本病仔猪多发,主要呈慢性经过。猪瘟成年猪多发,为急性经过。猪痢疾传播慢,时间长,持续腹泻,粪便带血和粘液,肠粘膜弥漫性坏死。

【防　制】

1.预防　①加强饲养管理,搞好圈舍的清洁卫生,对地面、用具、设备等用2%~4%火碱溶液或10%~20%石灰乳进行全面消毒。对有病的母猪和种公猪,不能作为种用,一律淘汰,以防仔猪再感染。减少各种应激刺激,如气候突然变冷,要做好防护保暖工作。不要突然更换饲料,断奶不要过早等,均可预防本病发生。②用仔猪副伤寒弱毒冻干菌苗,给1月龄以上的哺乳仔猪或断奶仔猪口服或注射。用冷开水稀释成5~10毫升拌料喂服。或用2%氢氧化铝胶生理盐水稀释,每头猪耳后肌内注射1毫升。在疫区,仔猪断奶前后各注射1次,间隔3~4周。注苗前后禁用抗菌药物。也可应用多价副伤寒灭活菌苗。用发病当地分离到的菌株制成灭活菌苗进行预防注射,效果会更好。

2. 治疗 ①新霉素,每天每千克体重5~15毫克,分2次口服。土霉素每千克体重40毫克,1次肌内注射。②口服复方新诺明,每千克体重70毫克,首次加倍,每天2次,连用3~7天。三甲氧苄氨嘧啶0.2克,磺胺嘧啶1克,蒸馏水10毫升,每千克体重20~25毫克,静脉或肌内注射,每天2次。

(六)痢 疾

仔猪痢疾也叫粘液性出血性腹泻,或称血痢、黑痢。是由猪痢疾密螺旋体所引起仔猪的一种肠道传染病。本病的特征为粘液性或粘液出血性腹泻,大肠粘膜卡他性、出血性炎症或纤维素性、坏死性炎症。

【流行特点】 7~12周龄的仔猪和幼猪易感性比成年猪高,而且多发。断乳猪的发病率为75%,病死率为5%~25%。病猪和带菌猪是主要传染源。康复猪带菌率也很高。再有犬、鼠类、鸟类和苍蝇也可带菌排菌,成为传染源和媒介。病原体随粪便排出体外,污染周围环境、饲料、饮水、用具等,健康猪经消化道而感染。如果饲养管理不好,气候多变,阴雨潮湿,饲养密度大、拥挤,饲料不足,维生素和矿物质缺乏,长途运输等应激因素,均可诱发本病。该病无明显季节性,以4~5月份和9~10月份多发。通常为散发。本病在猪群中长年不断流行,并且缓慢,时间长。康复猪数月后仍可复发。

【临床症状】 潜伏期10~14天。

1. 最急性期 病猪在数小时内,突然死亡,未见临床症状。

2. 急性期 病猪精神沉郁,食欲下降,体温40℃~40.5℃。初期排出软便,并附有条状粘液,不断腹泻,粪便为黄色粥样或水样。严重的病猪粪便中混有多量的粘液、血液、纤维素性物质和坏死组织碎片。粪便呈红色、棕色或黑红色。病猪弓背、吊腹、脱水、消瘦、贫血、体质极度衰弱而死亡。不死者转为慢性。

3. 慢性期 病猪表现不同程度的腹泻,粪便中混有粘液、血液,呈黑色。病期较长,精神、食欲均不振。进行性消瘦,贫血,生长发育缓慢,成为僵猪,病死率低。病程1个月以上。

【病理变化】 主要病变在结肠、盲肠和直肠。急性病例的大肠壁和肠系膜充血、水肿呈暗红色,有血斑,表面覆有一层粘液性、血液性渗出液。肠道内充满粥样带血或水样内容物。后期,大肠粘膜表面坏死,并附有一层纤维素性假膜,呈豆腐渣样外观,剥去假膜后,露出溃疡面。肠系膜淋巴结水肿、出血。病变在某一肠段,也可分布于整个大肠。

【诊 断】 ①根据发病情况,临床症状,尤其是出血性腹泻,粪便呈黑红色,大肠粘膜卡他性、出血性纤维素性和坏死性肠炎,可初步确诊。但应对病原体进行检测。②采取病死猪大肠粘膜、粘液或粪便,抹片,姬姆萨染色液染色,镜检,如见有大量弯曲的、两端尖锐、形如双雁翼状的猪痢疾密螺旋体;暗视野镜检,能看到活泼运动的螺旋体,即可确诊。③采取病死猪的大肠粘膜制成 10 倍稀释的乳剂,给经饥饿 24 小时后的30～60 日龄的健康仔猪 2 头灌服,每头 50～100 毫升。另选 2 头做对照。1～2 周后,取粪便检查,可见猪痢疾密螺旋体,剖检有病变。④可用凝集试验、荧光抗体试验、间接血凝试验、酶联免疫吸附试验检查本病,效果均好。⑤本病应与猪传染性胃肠炎、流行性腹泻、轮状病毒性腹泻、仔猪黄痢、仔猪白痢、仔猪副伤寒等鉴别诊断。

【防 制】

1. 预防　①加强饲养管理,搞好卫生和消毒工作。对猪舍及时清除粪便,做堆肥发酵处理。对地面、用具等,定期进行消毒,保持圈舍干燥。②坚持自繁自养的方式,必须引进猪只时,一定要隔离检疫,确认无病后才可入群。经常观察猪群,发现病猪立即淘汰。减少各种应激刺激,如天气寒冷应做好防寒保暖工作,不要突然改变饲料,供给全价饲料等,可预防本病发生。③对有本病的猪场应采取药物净化措施来控制和消灭。每千克干饲料加 1 克痢菌净,混合后喂服,连用 30 天。哺乳仔猪灌服 0.5％痢菌净溶液,每千克体重 0.25 毫升,每天 1次。④由于犬、鼠类、鸟类及昆虫(苍蝇)也带菌传播本病,所以,在猪舍内要消灭鼠类和苍蝇,严禁犬、鸟进入舍内。结合消毒进行灭鼠、灭蝇,可达控制和净化的目的。⑤目前尚无有效的菌苗应用。国外有人静脉重复注射甲醛灭活的本菌,猪能得到部分保护,或用灭活本菌加各种佐剂做其他途径注射,也能获得部分抵抗力。

2. 治疗　①林可霉素 50 毫克/千克体重,肌内注射,每天 1 次,连用 3～5 天;饮水 25～50 毫克/千克体重,连用 3～5 天。洁霉素每 1000 千克饲料加入 100 克,连用 21 天。②硫酸新霉素 1000 千克饲料加入 300 克,连喂 3～5 天,停药 20 天。③痢菌净每千克体重 5 毫克,1 天 2 次,口服,连用 3～5 天。

(七)克雷伯氏菌病

仔猪克雷伯氏菌病是由克雷伯氏菌所引起仔猪的一种传染病。本病的特征为腹泻,咳嗽,呼吸困难,败血症。

【流行特点】 本菌在健康动物的呼吸道、消化道和自然界广泛存在。15～20 日龄的仔猪易感性最强。本病一年四季均可发生,在气温 20℃左右发病增多,20℃以下发病较少。病猪和带菌猪是主要传染源。本病通过呼吸道和消化道而感染健康仔猪。如果饲养管理不善,天气突变,舍内饲养密度过大、拥挤,饲料发生霉变或突然改变,运输等应激因素的影响,均可诱发本病。

【临床症状】 病仔猪精神沉郁,体温升高,食欲减退或不食。耳部皮肤红紫。眼结膜苍白。咳嗽,流出粘液性鼻液,呼吸困难,为腹式呼吸,严重病例呈犬坐姿势。腹泻,肛门周围沾满粪污。有的出现神经症状,如后肢麻痹,不能站立。病程 4～5 天死亡。死前鼻、口流出淡红色泡沫。幸存者生长发育受阻,长期腹泻。

【病理变化】 呈败血症变化。尸僵不全,血液为暗红色、不凝固。肺气管、支气管内充满粉红色泡沫。肺淋巴结充血、出血。脾边缘有坏死灶,肾、心内外膜有出血点。肝肿大,暗红色,见有坏死灶。胸腔内积有粉红色的渗出液,肺与胸膜粘连。肌肉苍白,腹部皮下组织为黄色浆液性浸润。

【诊　断】 ①根据临床症状及病理变化,可初步确诊,但最好对病原菌进行检测,才能最后确诊。②采取肺、肝、脾等病料涂片,革兰氏染色,镜检,可见革兰氏染色阴性、不能运动、不产生芽胞、有荚膜的杆状菌。③取病料接种于血液琼脂和麦康凯琼脂,37℃培养24～48小时,可见血液琼脂上不溶血、粘液状的丰满菌落。麦康凯琼脂上长出红色菌落。④本病应与易引起败血症的仔猪疾病进行鉴别诊断。

【防 制】

1. 预防 ①加强饲养管理,做好猪舍的卫生消毒工作。供给母猪及断奶仔猪营养全价的饲料,猪舍饲养密度适中,不要随便换饲料,天气突变时应做好防寒保暖工作,减少各种应激刺激。②要消灭猪舍内的鼠类。经常观察猪群,发现病猪要立即隔离治疗。

2. 治疗 在治疗前应进行药敏试验,选最敏感的药物进行治疗。可用卡那霉素、庆大霉素、磺胺嘧啶、土霉素、红霉素进行治疗。庆大霉素1 000～15 000单位/千克体重,肌内注射,12小时1次,连用3～5天。卡那霉素3～15毫克/千克体重,肌内注射,12小时1次,连用3～5天。此外,应对症治疗,如镇咳、祛痰等。

(八)放线杆菌病

仔猪放线杆菌病是由放线杆菌所引起仔猪的一种慢性传染病。本病的特征为发热,咳嗽,肺炎,呼吸困难。

【流行特点】 各种年龄的健康猪的扁桃体和鼻孔及健康母猪的阴道均能分离出放线杆菌。新生仔猪、仔猪和刚断奶的仔猪多发本病。本病经上呼吸道感染,也可经过皮肤、粘膜损伤而侵入猪体。本病为散发,常呈地方性流行。

【临床症状】 在猪群中1头或多头2～4周龄的仔猪突然死亡。新生仔猪表现黄委病,淤血,体温达40℃,气喘,有时伴有颤抖,摇摆。脚、尾、耳坏死,关节肿胀。刚断奶的仔猪表现厌食,发热,不断咳嗽,呼吸急促,肺发炎。

【病理变化】 由于肺、肾、心、肝、脾、皮肤和肠出血,而造成出血性胸膜肺炎。可见肺小叶坏死和血纤维蛋白渗出。胸腔和心包膜中血浆及血纤维渗出物增多。日龄大的仔猪和断奶仔猪可见胸膜炎、心包炎、粟粒状化脓灶。有的病例见有关节炎、心瓣膜炎。

【诊 断】 ①根据猪群中仔猪突然死亡,肺和皮肤出血和坏死,肾和脾肿胀,可怀疑本病。但应进行病原菌检查,才能最后确诊。②本病常与猪丹毒混淆,尤其是发生皮肤坏死和因胸膜肺炎导致呼吸困难时,应注意鉴别诊断。

【防 制】

1. 预防 ①加强饲养管理,搞好猪舍的清洁卫生,不定期的对地面、用具、工作服等进行消毒。猪和马要分开饲养,以避免马放线杆菌感染猪。②有人采用自家病菌制成猪放线杆菌菌苗,给猪免疫注射,具有一定的保护力。

2. 治疗 猪放线杆菌对大多数抗生素敏感,但由于新生仔猪发病快,未出现临床症状就死亡,来不及治疗。

(九)空肠弯曲菌病

仔猪空肠弯曲菌病曾叫空肠弧菌病。是由空肠弯曲菌引起仔猪的一种肠道传染病。本病的特征为水样腹泻,抽搐,呼吸困难,肠溃疡病变。

【流行特点】 本菌在自然界广泛存在。同时,也存在于各种动物的肠道中,病菌随粪便排出体外,污染周围环境,这种排菌动物可成为传染源。猪的带菌率很高,多达90%以上。所以病猪和带菌猪是主要的传染源。仔猪易感性和发病率均高于成年猪。本病的传播方式有多种,可经污染的饲料和饮水传播,也可通过直接接触传播。病猪均有一时性腹泻,也有隐性感染。本病的发生无季节性,一年四季均可发生。

【临床症状】 潜伏期 3～5 天。主要症状是体温升高,腹泻,肠炎,腹痛。仔猪表现发热,精神沉郁,寒战,发抖,拒食,抽搐,有时呕吐。排出水样粪便,每天达 10 次以上。病重的仔猪发病后 1～2 天,排出痢疾样便,并带有血液和粘液,腥臭。全身脱水,消瘦,呼吸困难,贫血,全身衰竭而死亡。

【病理变化】 主要病变在空肠,可见弥漫性出血性水肿和渗出性肠炎,有时在回肠末端及回盲瓣上也有溃疡性病变。由于未成熟的上皮细胞增生而引起肠壁变厚,细胞内含有弯曲菌。所以,常见到增生性肠炎的病变。

【诊　断】 ①本病根据发病情况,临床症状,尤其是病猪发热,水样腹泻,抽搐,呕吐,增生性肠炎病变,可初步确诊。需进行空肠弯曲菌的检验才能最后确诊。②采取病料制成涂片,用复红或姬姆萨染色,镜检,可见到螺旋形、S 形、海鸥形或逗点状形态的菌体。常规鞭毛染色,镜检,可见菌体两端有鞭毛。暗视野活菌悬滴检查,可见特征性的螺旋运动的菌体。③可用补体结合试验、间接免疫荧光抗体试验、试管凝集试验、酶联免疫吸附试验等检测本病,效果均好。④本病应与猪传染性胃肠炎、猪流行性腹泻、猪痢疾、轮状病毒性腹泻等腹泻病,从病原学及血清学方面进行鉴别诊断。

【防　制】

1. 预防 ①加强饲养管理,搞好舍内及周围环境的清洁卫生工作,对粪便及污物每天及时清除,定期对地面、用具、工作服、靴鞋等进行彻底消毒,以控制本病的发生。②对饲料和饮水要保管好,防止粪便污染。同时要供给全价饲料,提高猪体的抗病力。③经常观察猪群,发现病猪应立即隔离,确诊治疗。

2. 治疗 ①用青霉素、土霉素、红霉素、庆大霉素等,拌料喂服,连用5～7天。有条件的,首先进行药敏试验,然后选择最敏感的药物进行治疗,效果最好。②也可用肠道防腐消毒收敛药物治疗,如克辽林、松节油混合口服。③用清热、解毒、健胃、止血药物对症治疗。此外,也可进行补液、补充电解质等,增强猪体抵抗力。

(十)破 伤 风

仔猪破伤风也叫强直症,或称锁口风。是由破伤风梭菌所引起仔猪的一种中毒性传染病。本病的特征为骨骼肌痉挛,对刺激反射兴奋性增高。

【流行特点】 该菌广泛存在于土壤、尘埃和马、骡、驴的粪便中。主要经小而深的伤口感染。仔猪最常见于去势、断脐、断尾时,因所用器械消毒不彻底而感染发病。也有的猪经子宫粘膜、消化道粘膜损伤感染。但病猪与健康猪直接接触不能传染。病菌在体内产生大量的外毒素,如破伤风痉挛毒素、溶血毒素和非痉挛毒素,刺激中枢神经系统而引起发病。本病一般为零星散发,无明显的季节性。尤其在圈舍的卫生条件不好,春、秋季节多雨及产仔和去势时的病猪较多。

【临床症状】 潜伏期1～2周。仔猪多在去势后5～7天出现症状。病猪精神不振,食欲减退。对刺激反应过敏。从头部肌肉开始,呈持续性痉挛性收缩,一直蔓延至全身。两眼发直,牙关紧闭,张口,咀嚼、吞咽困难,流涎,发出尖细的叫声。四肢强直,行走蹄尖着地,呈奔跳姿势。腰背发硬,两耳直立,头向前伸,尾不摆动,呼吸困难,角弓反张。对光和音响刺激敏感。无体温变化。最后窒息死亡。

【病理变化】 无特征性病变,粘膜、浆膜和脊髓有小出血点。肺脏充血、水肿。有的病例见异物性坏疽性肺炎。心肌变性。躯干和四肢肌肉间的结缔组织呈浆液性浸润。

【诊 断】 ①根据临床症状,如四肢强直,牙关紧闭,神经兴奋,两耳竖立等,可初步确诊。②采取创伤分泌物或深部坏死组织,涂片,革兰氏染色,镜检,可见革兰氏阳性大杆菌,有芽胞位于菌体一端如鼓槌状,周身鞭毛,无荚膜,可以确诊。③取病料浸出液或5～10天的肉肝汤培养的滤菌液,给豚鼠股内侧皮下注射1毫升,小白鼠0.2～0.3毫升,接种后2～3天出现强直症状。④本病应与狂犬病、脑炎、急性风湿症等病进行鉴别诊断。

【防 制】

1. 预防 ①本病为创伤性中毒性传染病,所以,要除去圈舍及运动场的尖锐物体,如铁钉尖等。对于初生仔猪断脐带、断尾、阉割的器械和皮肤要做好消毒工作,在给仔猪阉割时,要同时注射抗破伤风血清1500～3000单位,可预防本病发生。②由于本菌在土壤中广泛存在,所以,对于猪舍及运动场要搞好清洁卫生,每天清除粪便后,对地面、用具、工作服等定期进行消毒。③对猪群要经常观察,发现猪体伤口应立即进行外科处置,同时注射抗破伤风血清。

2. 治疗 ①发现病猪应首先找出伤口,清除伤口内外坏死组织和炎症产物。然后用5%碘酊或2%高锰酸钾溶液清洗,消毒伤口。同时,用破伤风抗毒素1万～2万单位,肌内或静脉注射。②为了缓解痉挛,可用25%硫酸镁注射液10～20毫升,肌内注射。或用水合氯醛20～30毫升灌肠,每天2～3次。也可用独角莲注射液3～5毫升,肌内注射,每天2次。③对于牙关紧闭,不能开口者,可在锁口、开关穴注射3%盐酸普鲁卡因3～5毫升。并且对病猪进行输液,补充营养,以增强机体的抗病力。

(十一)传染性萎缩性鼻炎

仔猪传染性萎缩性鼻炎也叫慢性萎缩性鼻炎。是由支气管败血波氏杆菌为原发性感染和多杀性巴氏杆菌参与引起猪的一种慢性传染性呼吸道病。本病的特征为鼻炎、鼻甲骨萎缩,颜面变形和生长缓慢。

【流行特点】 支气管败血波氏杆菌Ⅰ相菌感染3周龄以内的仔猪,能产生鼻甲骨萎缩病变,1周龄以内的仔猪感染几乎全部产生病变。超过6周龄以上的猪感染,几乎不产生病变或发生轻微病变。在临床上明显症状见于1～5月龄猪,严重的症状多见于1～3月龄猪。病猪和带菌猪是主要传染源。其他动物如犬、猫、鼠、兔、家畜、家禽等均能带菌。因此,也可成为传染源。病原体随病猪和带菌猪及带菌动物鼻分泌物排出体外,通过空气飞沫经呼吸道而感染健康猪,尤其是母猪患病时,最易将病原体传染给仔猪。如果饲养管理不当,舍内卫生条件太差,饲养密度大、拥挤、通风不好、营养不良、长途运输等应激因素,均可诱发本病。本病多为散发,或呈地方性流行。本病发病率高,病死率低。

【临床症状】 发病仔猪打喷嚏,发出鼾声,从鼻孔流出浆液性、粘液性、脓性分泌物,有的带血丝。病猪由于鼻部发痒,表现烦躁不安,奔跑,摇头,拱地,或用前肢搔扒鼻部或在饲槽边缘、圈栏等处磨擦鼻部。由于结膜发炎,常流眼泪,在眼角下的皮肤上可见灰色或黑色半月状泪斑。数周后,多数病猪表现鼻甲骨萎缩,面部变形,鼻子歪斜或鼻腔长度缩短,上颌骨变形,门齿咬合时错位。鼻端向上翘起,鼻背部皮肤粗厚,有较深的皱褶,下颌伸长。有的两侧鼻孔大小不一,鼻歪向病变严重的一面。有的猪出现肺炎。

【病理变化】 主要病变在鼻腔和附近组织。鼻腔的软骨、鼻甲骨软化和萎缩,尤其鼻甲骨的下卷曲部最多见。病的初期,鼻粘膜卡他性、化脓性炎症,粘膜充血潮红。严重病猪,鼻甲骨消失,鼻中隔弯曲,整个鼻腔变成一个鼻道。鼻背皮肤肿胀,形成皱褶,鼻部和面部变形,下颌骨伸长。鼻腔内积有大量的粘液性、脓性或干酪样渗出物。少数病猪伴有波氏杆菌性支气管肺炎,病变呈斑块状或条状,主要在肺门附近,在肺脏的腹面部多见,也有的出现于在肺脏的背面部。急性死亡猪肺炎灶呈红色。

【诊 断】 ①根据病猪的发病年龄和临床症状,尤其是面部变形,打喷嚏,呼吸困难,生长缓慢,可初步确诊。需对病原进行检测才能确诊。②用棉拭子采取病猪鼻腔内的粘液性分泌物涂片,革兰氏染色,镜检,可见革兰氏阴性、两极着色、散在或成对排列、呈球杆状菌。③采取病料接种于葡萄糖中性琼脂平板培养基上,37℃培养48小时,可见烟灰色、中间稍暗、中等大小菌落。④用灭菌生理盐水25～50毫升,多次冲洗病猪鼻腔,将洗下液接种4～7日龄仔猪2头,每头鼻腔滴入10滴,接种后7～8周扑杀,鼻腔产生病变。对照猪无病变,可确诊。⑤可用试管凝集试验、平板凝集试验检查本病,效果均好。仔猪感染本病后2～4周产生凝集抗体,可持续4个月。该法可用于检测3月龄以上的仔猪。⑥本病应与传染性坏死性鼻炎、猪巨细胞病毒感染、软骨病等鉴别诊断。

【防 制】

1. 预防 ①加强饲养管理,做好清洁卫生和消毒工作。对猪舍内的粪便要及时清除,用10%～20%生石灰乳定期进行全面消毒。保持舍内干燥,通风良好,饲养密度适中。②每日要观察猪群和定期检疫,发现病猪及时确诊,扑杀。同时,要消灭猪舍内的鼠类,严禁犬、猫等进入猪舍。对种猪要坚持定期检疫,净化猪群。对受威胁猪群可进行预防注射。③哈尔滨兽医研究所已研制出猪传染性萎缩性鼻炎油佐剂二联灭活菌苗,已在全国推广应用,安全有效,无副作用。母猪于产前4周颈部皮下注射2毫升。新引进未经免疫接种的后备母猪应立即接种,每头颈部皮下注射1毫升。仔猪生后1周龄每头颈部皮下注射0.2毫升(未免疫母猪所生),4周龄时每头注射0.5毫升,8周龄时每头注射0.5毫升。但必须注意,注射部位有时产生硬肿,短期内消失。菌苗冻结、破乳、变色时禁用。

2. 治疗　①用抗生素和增效磺胺进行治疗,土霉素50~60毫克/千克体重,肌内注射,每天1次,连用3~5天。链霉素25万~80万单位/头,肌内注射,每天2次,连用3~5天。②磺胺二甲嘧啶100~450克,加入1000千克饲料中拌匀,连喂4~5周。③盐酸环丙沙星0.025%浓度饮水,或每千克体重2.5毫克,肌内注射,每天2次,连用5天。另外给新生仔猪注射免疫血清,有一定疗效。

(十二)肺　疫

　　猪肺疫也叫猪巴氏杆菌病,或称猪出血性败血症,俗称锁喉风。是由多杀性巴氏杆菌所引起猪的一种急性传染病。本病的主要特征为急性出血性败血症,慢性的为咽喉肿胀、肺炎。

　　【流行特点】　本病一年四季均可发生,但在春、秋寒冷季节多发。不同年龄、性别、品种的猪均有易感性,小猪和中猪多发。本病为散发,有时呈地方性流行。病猪和带菌猪及带菌动物为传染源。该菌随病猪及带菌动物排泄物排出体外,污染饲料、饮水、用具及外界环境,健康猪经消化道而感染,也可由咳嗽、喷嚏排出病菌,通过飞沫经呼吸道而感染。吸血昆虫也为传播媒介,经皮肤、粘膜创伤发生感染。健康带菌猪由于受寒冷,闷热,气候突变,潮湿,拥挤,通风不良,营养不足,饲料突然更换,过度疲劳,寄生虫病及长途运输等应激因素影响,尤其是上呼吸道粘膜受到刺激,使猪的抵抗力降低,可造成内源性感染。急性型病死率100%。

【临床症状】 潜伏期1~5天。在临床上分3种类型。

1. 最急性型 突然发病,很快死亡。病猪呼吸困难,体温升高至41℃~42℃。食欲废绝。可视粘膜呈蓝紫色。咽喉肿胀,疼痛。口、鼻流出泡沫,带血。病的末期,耳根、颈部、下腹部的皮肤为蓝紫色,有出血斑。呼吸极度困难,呈犬坐姿势。一般窒息而死,病程1~2天。

2. 急性型 体温升高至40℃~41℃。眼结膜发炎,流脓性分泌物。口、鼻流出白沫,有时混有血液。痉挛性干咳。呼吸困难,呈犬坐姿势。胸部触诊有痛感,急性胸膜肺炎。皮肤出现紫斑或小出血点。先便秘,后腹泻。精神沉郁,拒食。后期,极度衰弱,卧地不起,因窒息而死亡。病程5~8天。

3. 慢性型 主要为慢性肺炎和胃肠炎。病猪精神不振,食欲减退。不断咳嗽,呼吸困难。关节肿胀,皮肤上见有湿疹。末期,腹泻,脱水,消瘦,衰竭而死亡。病程2周以上。

【病理变化】

1. 最急性型 主要病变为全身粘膜、浆膜及皮下组织有大量出血点,特别是咽喉部及周围组织有出血性浆液性浸润水肿。颈部皮下有大量胶冻样淡黄色或灰青色纤维素性浆液浸润。肺急性水肿。脾出血。心内外膜和心包膜上见有出血点。胃肠粘膜出血性炎症。皮肤上有出血斑。全身淋巴结肿胀、出血。

2. 急性型　主要病变为纤维素性坏死性肺炎和浆液性纤维素性胸膜炎及心包炎。胸腔和心包有积液。在气管和支气管内有多量含泡沫的粘液。在肺的尖叶、中间叶、心叶和膈叶的前下缘及膈叶背面见有肺炎灶。肺上有肝变区，周围有气肿和水肿。病程稍长，在肺的肝变区内有坏死灶，多发生在肺膈叶，肺小叶间浆液性浸润，肺切面呈大理石样外观。严重的病例，肺胸膜被覆有纤维素膜，呈淡黄色。胸腔淋巴结肿大，切面发红、多汁。

3. 慢性型　尸体极度消瘦，贫血。肺肝变区扩大，并有黄色或灰色坏死灶和化脓灶，外被结缔组织包裹，内含干酪物质，有的形成空洞。心包液和胸水增量。胸膜有纤维素沉着，呈淡黄色，肋膜肥厚。肺门淋巴结肿胀、出血、坏死。肺表面凹凸不平，色调和硬度不一。有的胸膜与肺粘连。

【诊　断】　①根据发病情况，临床症状，尤其是发病急，高热，咽喉水肿，迅速死亡，败血症，肺炎，胃肠炎等及剖检变化，可初步确诊。②采取肺、肝、脾、胸腔液及血液涂片或抹片，用美蓝染色，镜检，可见两极浓染的近似椭圆形小杆菌。如用印度墨汁染色，镜检，能看到荚膜。③采取肝、肺、脾、心血等，接种普通琼脂培养基，37℃培养 24 小时，可见湿润半透明露滴状小菌落。然后取菌落、染色、镜检，可见两极浓染的短小杆菌。④将病料制成 1：10 悬液，肌内或皮下接种小白鼠，每只 0.2～0.5 毫升，接种后 18～24 小时死亡。取病料涂片，染色，镜检，能看到巴氏杆菌。⑤本病应与猪气喘病、传染性胸膜肺炎、咽喉型炭疽、败血型猪丹毒鉴别诊断。

【防　制】

1. 预防　①加强饲养管理,在适宜的条件下仔猪早期断奶。采取全进全出的生产方式,尽量不要从外面引进猪只。必须引进时,也应隔离,检疫,确认无病后方可入群。②对猪舍和运动场在及时清除粪便的基础上,要定期进行彻底消毒。在猪舍要消灭鼠类和蚊虻,严禁其他家畜、家禽及鸟类进入猪舍。③发现病猪应立即确诊,封锁,隔离,治疗。停止市场交易和猪只调动。对于病死猪要焚烧或深埋。④我国已研制出 Fg型菌株氢氧化铝甲醛灭活菌苗和猪肺疫弱毒菌苗。为方便使用,还研制出猪瘟、猪丹毒和猪肺疫三联苗,打1针可防3种病。

2. 治疗　本病用抗生素和磺胺药物治疗有效。①青霉素2000单位/千克体重,肌内注射,每隔3小时按1000单位/千克体重,肌内注射1次。②口服磺胺噻唑钠片,小猪5~10片/次,日服3次。或用磺胺噻唑钠注射液20毫升,肌内注射,每天2次。③恩诺沙星注射液25~50毫升,加入葡萄糖氯化钠溶液250~500毫升中,1次静脉注射。④用高免血清2毫升/千克体重,其中1毫升静脉注射,1毫升肌内注射。

(十三)丹　毒

猪丹毒俗称打火印。是由丹毒杆菌所引起猪的一种急性或慢性传染病。本病的特征为高热,败血症,皮肤上紫红色疹块,关节炎,心内膜炎,皮肤坏死。

【流行特点】　本病主要发生在夏、秋季节,但7~9月份最多发。3~6月龄的猪易感性最高。哺乳仔猪和断奶仔猪也有发病的报道。本病多散发,或呈地方性流行。35%~50%的健康猪在扁桃体和淋巴组织中存有丹毒杆菌。病猪、带菌猪和带菌动物是主要传染源。病菌随粪便、尿液、唾液、鼻分泌物排出体外,污染土壤、饲料、饮水、工具,经消化道及损伤的皮肤而感染健康猪。但也可通过昆虫如蚊、虻、虱等叮咬而传播。另外,屠宰场、加工厂的下脚料、残羹或鱼粉、肉粉等也可以传播本病。急性型的病猪病死率为80%～90%。

【临床症状】 潜伏期3～5天,最长的7天。

1. 急性型(败血型) 初期,病猪突然死亡,无任何症状。以后一些猪相继发病,体温升高至42℃以上,稽留。打冷战,喜卧、食欲废绝,呕吐。精神沉郁,结膜潮红,眼睑肿胀。初期粪便干硬附有粘液,后期发生腹泻。严重的病猪呼吸加快,粘膜发绀。在皮肤上出现红斑,在背部、腹部、耳、颈等部最为多见。病程2～4天死亡。哺乳仔猪和断奶仔猪也有的发生本病,其表现是发病突然,出现神经症状,如抽搐,倒地而死,病程在24小时以内。

2. 亚急性型(疹块型) 皮肤表面出现疹块,俗称打火印,是本型的特征性症状。病猪精神沉郁,食欲减退。体温高达41℃以上。发病后2～3天,在背部、腹部、胸部、耳和四肢皮肤上出现大小不等的菱形、圆形或不规形的疹块,突出于皮肤表面,初期为淡红色,中期为紫色,后期为黑紫色。随着疹块的出现,体温下降,病情减轻,几天后疹块中央坏死,形成结痂而脱落。病程1～2周可痊愈,如有继发感染,病情加重而死亡。

3. 慢性型(心内膜炎和关节炎型) 由上述两型转变而来。表现为浆液纤维素性关节炎、疣状心内膜炎和皮肤坏死。前两个症状可在同1头病猪体发生,而后一个症状可单独存在。关节炎型病变多发生于腕关节和跗关节,可见关节肿胀、疼痛、僵硬、跛行。心内膜炎表现心跳加快,呼吸困难。在背、肩、尾、两耳等局部皮肤变黑,坏死,干裂。

【病理变化】

1.急性型 皮肤上有不同形状、大小不一的红斑,或弥漫性红色。脾肿大,充血,呈樱桃红色。肾淤血肿大,呈暗红色,皮质部有出血点。肺淤血红肿。胃及十二指肠充血、出血。淋巴结肿大、充血,有小出血点。关节液增加。

2.亚急性型 在皮肤上见有菱形、方形或圆形红色疹块。内脏病变较急性型轻。

3.慢性型 多发性增生性关节炎,关节肿胀。关节腔中有多量浆液性纤维素性渗出液,粘稠,呈红色。后期滑膜绒毛增生,肥厚。慢性心内膜炎为溃疡性或呈花椰菜样疣状赘生性心内膜炎。

【诊　断】 ①根据发病情况,临床症状,尤其是体温升高,皮肤上有红色斑、疹块,脾、肾肿大呈红色,疣状心内膜炎,关节炎,可初步确诊。②采取病料,如肝、肾、脾、疹块渗出液,心内膜炎疣状物及关节液等,涂片或触片,革兰氏染色,镜检,可见革兰氏阳性、细长的小杆菌。③采取新鲜病料直接接种于血液琼脂培养基,37℃培养24～48小时。可见针尖大、透明、灰白色、圆形、露滴状小菌落。同时,挑取菌落,革兰氏染色,镜检。④采取病料制成悬液,给小白鼠皮下接种0.2毫升,或腹腔接种0.5毫升,接种后1～4天,小鼠出现症状后3～7天死亡。然后进行剖检和细菌学检查。⑤可用血清玻板凝集试验、血清试管凝集试验、全血玻板凝集试验等检测本病,效果均好。⑥本病应与猪瘟、链球菌病、急性副伤寒、急性猪肺疫鉴别诊断。

【防　制】

1.预防 ①加强饲养管理,搞好舍内的清洁卫生和消毒工作。引进猪只时,一定要隔离,检疫,确认无病后方可入群,要消灭舍内的鼠类和蚊、蝇、虻等昆虫。②不要用厨房废料、废水或残羹等喂猪,必需应用时,一定要煮沸消毒后才能应用。经常观察猪群,发现猪皮肤损伤应立即治疗。严禁家畜、家禽、野鸟等进入猪舍。③哈尔滨兽医研究所已制出猪丹毒GC_{42}弱毒菌苗,大小猪一律皮下注射1毫升,免疫保护期6个月。为了方便使用,还研制出猪瘟、猪丹毒、猪肺疫三联苗,每头皮下注射1毫升,猪瘟免疫期1年,猪丹毒和猪肺疫免疫期6个月。注苗前7天和注后10天禁用抗生素。

2. 治疗 抗猪丹毒血清和青霉素同时应用,效果最好。也可用金霉素、土霉素、四环素治疗,有一定疗效。青霉素1万～2万单位/千克体重,肌内注射,每天2次,连用2～3天。抗猪丹毒血清,仔猪每头5～10毫升,肌内注射,隔日注射1次。

(十四)传染性胸膜肺炎

猪传染性胸膜肺炎也叫猪副嗜血杆菌病,或称嗜血杆菌胸膜肺炎。是由猪胸膜肺炎放线杆菌所引起猪的一种呼吸道传染病。本病的特征为肺炎和胸膜炎症状和病变。

【流行特点】 本病一年四季均可发生,以10～12月份和6～7月份多发。幼猪比成年猪易感,3月龄的猪最易感,发病率和病死率都很高。病猪和带菌猪是主要传染源。病原菌主要存在于呼吸道,通过空气飞沫而传播。在工厂化、集约化大群饲养的条件下最易接触传播。公猪在本病的传播中起重要作用。猪群之间主要通过接触带菌猪和慢性病猪而传播。养猪密度过大,卫生条件恶劣,气候寒冷,长途运输等应激刺激为本病发生的诱因。急性病例发病率高、为85%～100%,病死率为0.4%～100%。

【临床症状】 潜伏期1～2天,人工感染6～8小时。本病分最急性、急性、亚急性和慢性 4 种类型。

1. 最急性型 病猪突然发病,精神不振,食欲减退。体温高达 42℃以上。有轻微的腹泻和呕吐。呼吸困难,从口和鼻流出带泡沫的血样分泌物。在全身的皮肤上先后出现紫斑,耳、鼻、腿部的皮肤上较明显。24～48 小时内死亡。幼龄仔猪常发生败血症死亡,但不出现上述症状。

2. 急性型 病猪精神沉郁,食量减少,呼吸困难,体温40.5℃～41℃。衰竭,有的死亡,幸存者转为慢性。

3. 亚急性型和慢性型 病猪体温很少升高,不断咳嗽,食欲减退,增重减慢。在慢性型病猪群中隐性感染猪增多。如有其他病菌合并感染或继发感染,病情加重。首次暴发时,母猪还可能出现流产。

【病理变化】 主要病变在呼吸道。在肺的心叶、尖叶和部分膈叶见有肺炎。膈叶上的病灶为局部性的。肺呈暗红色,质地较硬,切面发脆,或呈颗粒状。能看到纤维素性胸膜肺炎。胸腔有血样液体潴留。急性病例在气管内充满泡沫血样粘性渗出物。在慢性病例中,见有不等的脓肿样结节,有的在膈叶。胸膜发生粘连。多数病例肺部病变痊愈,只有部分病灶与胸膜粘连。

【诊 断】 ①根据临床症状及剖检见有胸膜肺炎变化可初步确诊。但必须进行病原菌检查。②采取支气管和鼻腔渗出液,肺炎病变组织等,涂片、染色、镜检,可见多形态、两极染色的革兰氏阴性球杆菌。③病原菌分离用 50%绵羊红细胞琼脂板,在上面接种葡萄球菌后再接种病料,葡萄球菌在生长过程中合成放线菌所需要的辅酶 A,并向外扩散到周围培养基中,使放线菌在葡萄球菌周围生长,形成 β 溶血的微小卫星菌落。④可用琼脂扩散试验、间接血凝试验、改良补体结合试验、凝集试验和酶联免疫吸附试验等检测本病,效果很好。猪感染10天后用凝集试验可检出抗体,3~4周达高峰,持续3个月以上,当凝集价达1:20即可判断为阳性。与其他呼吸道传染病无交叉反应。⑤急性病例应与猪瘟、猪肺疫、猪丹毒、猪链球菌病鉴别诊断。慢性型的病猪要与气喘病和多发性浆膜炎相鉴别。

【防　制】

1. 预防　①加强饲养管理,搞好舍内的清洁卫生。猪舍的粪便要经常打扫,对地面、用具、工作服等定期消毒。饲养密度不应过大,猪舍要通风良好,冬季要防寒保暖。对抗体阳性率高的猪群应全部淘汰,再从阴性猪场引进新猪,并进行隔离检疫。对阳性率较低的猪群,在仔猪断奶时,要不断清除血清阳性母猪。在净化中应给猪群喂药物饲料,以防发生新的感染。②猪传染性胸膜肺炎油佐剂灭活菌苗,怀孕母猪产前1个月每头颈部皮下或肌内注射2毫升。仔猪4周龄每头肌内注射0.3毫升,间隔7~10天,再注射0.5毫升。应注意的是,注射局部可能有硬肿,短期可消退。个别猪如出现过敏性变态反应,可用抗过敏药物治疗。

2. 治疗　①青霉素为首选药物。其次有增效磺胺甲基异噁唑、壮观霉素、四环素、林肯霉素等,效果令人满意。②土霉素0.6克/千克饲料,连喂3天,或青霉素40万~100万单位/头,肌内注射,每天2次。

（十五）李氏杆菌病

仔猪李氏杆菌病也叫单核细胞增多症李氏杆菌病。是由单核细胞增多症李氏杆菌所引起的猪的传染病。特征为脑膜炎、败血症和母猪流产。

【流行特点】 本病的发生有一定的季节性,在冬、春季节多发。仔猪和怀孕母猪最易感。哺乳仔猪和断奶不久的仔猪多发。病猪、带菌猪及其他带菌动物均为本病的传染源。妊娠母猪感染后常发生流产。本菌从感染动物的粪便、尿、乳汁、眼鼻分泌物、精液、流产胎儿、子宫分泌物排出体外,污染饲料、饮水、土壤及周围环境,经消化道、呼吸道、损伤皮肤而感染健康猪。猪吃了鼠类的尸体,也会感染本病。本病通常为散发,发病率很低,但病死率很高。

【临床症状】 潜伏期 14～21 天。在临床上分败血型、脑膜脑炎型、混合型 3 种。

1. 败血型 未显症状而突然死亡,病程 1～3 天,病死率高。哺乳仔猪多见。

2. 脑膜脑炎型 脑炎症状与混合型相似。但较缓和,病猪的体温、食欲、粪尿多半正常。病程长,多数死亡。妊娠母猪隐性感染,一般在无症状的情况下发生流产。本型断奶仔猪多发,哺乳仔猪也有发病。

3. 混合型 初期体温高 41℃～42℃,中后期体温降至常温或以下。吃奶次数减少或不吃。粪便干燥,尿量减少。多数病猪呈脑膜脑炎症状,如初期兴奋,共济失调,圆圈运动,无目的行走,不自主后退,有的头触地不动,肌肉震颤,乱串乱跑,头颈后仰,四肢张开,呈观星状。四肢麻痹,不能站立,卧地,抽搐,口吐白沫,四肢呈游泳状划动。病程 1～3 天或更长。病死率高。哺乳仔猪多发。

【病理变化】

1. 败血型 病死猪可见腹下、股内侧弥漫性出血。多数淋巴结肿大、出血,切面多汁。肝、脾肿大,肝表面有灰白色坏死灶为特征性病变。胃和小肠粘膜充血,肠系膜淋巴结肿大。肺充血、水肿,气管和支气管有出血性炎症。心内外膜出血。

2. 脑膜脑炎型 病死猪脑及脑膜充血、水肿。脑脊液增多,浑浊,含有较多的细胞。脑干,尤其是脑桥、延脑、脊髓变软,见有小脓灶。

3. 混合型 败血型和脑膜脑炎型的病变均能见到。

【诊　断】 ①根据发病情况,临床症状,尤其是仔猪败血症、脑膜脑炎症状和母猪流产及剖检病变可初步确诊。但最好采取病料,对病原进行检测。②采取病死猪的血液、肝、脾、肾、脑脊液及脑组织,涂片或触片,革兰氏染色,镜检,可见革兰氏染色阳性、呈紫色、两端钝圆的细小杆菌。③将病料接种于兔血琼脂平板培养基或 0.05％亚碲酸盐胰蛋白琼脂平板培养基,在兔血平板上菌落周围呈 β 溶血,亚碲酸盐平板上形成圆形、隆起、湿润黑色的菌落。④采取病料制成悬液,接种家兔、小鼠或幼鸽脑腔、腹腔或静脉,能引起败血症死亡,如用混悬液滴入兔、小鼠或鸽的眼内,1 天后发生结膜炎,以后出现败血症死亡。⑤可用凝集试验、补体结合试验、直接免疫荧光试验及酶联免疫吸附试验检测本病,效果均好。⑥本病应与猪伪狂犬病、传染性脑脊髓炎、猪血凝性脑脊髓炎、链球菌病进行鉴别诊断。

【防　制】

1. 预防 ①加强饲养管理,搞好卫生和消毒工作。舍内及运动场的粪便要经常清除。对于地面、用具等定期进行消毒。哺乳仔猪要保证吃足母乳或人工哺乳。②坚持自繁自养,必须从场外引进种猪和苗猪时,一定隔离检疫,确认无病后才可入群,千万不要从疫区引进猪只。③由于本病的传染源很多,严禁其他家畜、家禽及野生动物进入猪场。尤其要消灭猪舍内的鼠类。④对猪群要经常观察,发现病猪立即隔离治疗,对病死猪的尸体要焚烧或深埋。

2. 治疗 ①早期应用磺胺类药物和抗生素治疗有很好的效果。如将庆大霉素和氨苄青霉素混合应用,效果更好。庆大霉素,每千克体重 1～2 毫克,肌内注射,每天 2 次。盐酸金霉素粉,每千克体重 20～50 毫克,分 2 次灌服。②20%磺胺嘧啶钠溶液 5～10 毫升,肌内注射。氨苄青霉素每千克体重 4～11 毫克,肌内注射。③对症治疗,如病猪兴奋不安,可口服水合氯醛,每千克体重 1 克,溶于水后用胃管灌服。

(十六)链球菌病

仔猪链球菌病是由致病性链球菌引起仔猪的一种传染病。本病的主要特征为败血症、脑膜脑炎、关节炎、心内膜炎、淋巴结脓肿。

【流行特点】 本病一年四季均可发生,但在夏、秋季节多发。哺乳仔猪和断奶仔猪易感性比成年猪高,而且多发。病菌通过消化道、呼吸道、伤口及仔猪脐带而感染健康仔猪。国外报道,苍蝇也能携带猪链球菌 Ⅱ 型传播本病。急性的病猪发病率和病死率都很高。本病呈地方性流行,在新疫区呈暴发性发生。

【临床症状】

1. 败血症型 初期,最急性的病猪突然死亡,不见任何症状。急性的病猪精神沉郁,食欲废绝,体温高达 41℃～42℃,呈稽留热。呼吸困难,心跳加快。鼻流出粘液性或脓性鼻液。结膜潮红,流泪。耳尖、四肢下部及腹下见有紫红色斑。便秘,粪干硬。走路跛行,喜卧。病程 1～3 天。断奶仔猪多为此型。

2. 脑膜脑炎型 初期,体温高达 42℃左右,拒食,便秘。鼻流出浆液性或粘液性鼻液。出现运动失调,转圈,磨牙,仰卧,后肢麻痹,呈游泳状划动,昏迷不醒等神经症状。部分猪出现关节肿大、跛行,病程 1~2 天。哺乳仔猪和断奶仔猪多发。

3. 关节炎型 多由前两型转来。出现 1 肢或几肢的关节肿胀,疼痛,跛行,严重的病猪不能站立。病程 1~2 天。

4. 淋巴结脓肿型 多见于颌下淋巴结,其次为咽部和颈部淋巴结,肿胀坚硬,有热痛,采食、咀嚼、吞咽和呼吸困难。肿胀中央变软,化脓,破溃,流出乳白色或黄褐色脓汁,排脓后肉芽增生,可自愈。病程 3~5 天。

总之,败血症型和脑膜脑炎型为最急性和急性经过,而关节炎型和淋巴结脓肿型,心内膜炎、子宫炎、乳房炎、皮炎及局部脓肿等,均属慢性型。

【病理变化】

1. 败血症型 以出血性败血症病变和浆膜炎为主。可见耳、腹下、四肢末端皮肤上有紫色斑块。粘膜、浆膜、皮下出血。鼻粘膜充血、出血,呈紫红色。喉头、气管粘膜出血,并有大量泡沫。肺充血、肿胀。全身淋巴结充血、出血、肿大,切面坏死、化脓。脑腔、腹腔及心包积液浑浊,含有絮状纤维素附着在脏器上与脏器相粘连。脾肿大。血液凝固不良。

2. 脑膜脑炎型 脑膜充血、出血,脑脊液浑浊、增多,白细胞增多。脑实质可见化脓性脑炎病变。关节周围肿胀、充血,关节囊滑液浑浊。脑切片有针尖大出血点,并有败血症型病变。

3. 关节炎型 关节周围肿胀、充血,关节囊内滑液浑浊,有黄色胶冻样或纤维素性脓性渗出物。关节滑膜面粗糙,关节周围组织有多发性化脓灶。

【诊　断】　①根据临床症状,尤其是败血症,体温升高,脑膜脑炎,关节炎和淋巴结脓肿,可初步确诊。但最好进行病原体检查。②采取病猪血液、肝、脾、关节囊液、脑脊髓液及化脓灶等,触片或抹片,革兰氏染色镜检,可见单个、成对、短链或长链的紫色球菌。有条件的也可进行细菌分离培养。③采取病料或分离培养物,皮下或腹腔接种小白鼠,于18~72小时死亡,呈败血症变化。采取病料,涂片、染色、镜检时,可见大量链球菌。④可用荧光抗体、乳胶凝集试验、SPA协同凝集试验检查本病,效果均好。⑤本病应与猪瘟、猪丹毒、猪肺疫、仔猪副伤寒进行鉴别诊断。

【防 制】

1. 预防 ①加强饲养管理,改善环境卫生,做好消毒工作。消除致病因素,发现外伤的猪要及时治疗。阉割、注射、产仔断脐等要严格消毒。对猪舍地面、用具、工作服等要定期进行消毒。要消灭猪舍内的苍蝇等,以控制本病的发生。②猪链球菌氢氧化铝菌苗,不论大小猪一律肌内或皮下注射5毫升(浓缩苗3毫升),注射后21天产生免疫力,免疫期约6个月。链球菌弱毒菌苗,每头份加入20%铝胶生理盐水1毫升稀释溶解后,断奶仔猪到成年猪,一律肌内或皮下注射1毫升。该苗也可口服,但用量加倍。

2. 治疗 ①对败血症型和脑膜脑炎型可用抗生素和磺胺类药物进行治疗。如青霉素每头40万~100万单位,肌内注射,每天2~4次。庆大霉素每千克体重1~2毫克,肌内注射,每天2次。②磺胺嘧啶钠注射液,每千克体重0.07克,肌内注射,首次加倍。乙基环丙沙星每千克体重2.5~10毫克,每12小时注射1次,连用3天,效果明显。③淋巴结脓肿型用刀切开,排出脓汁,用双氧水冲洗后,再涂以碘酊。

(十七)增生性肠病

仔猪增生性肠病也叫肠腺瘤、增生性肠炎。是原发性劳氏胞内菌和继发性的唾液弯曲菌所引起仔猪的一种传染性肠道疾病。本病的特征为腹泻,增生性、局部性、坏死性肠炎。

【流行特点】 本病 8～16 周龄的断奶仔猪易感性高于成年猪。病猪和带菌猪是主要传染源,病菌随粪便排出体外,污染饲料、饮水、用具、鞋靴等。经口而感染健康猪。所以感染本病的母猪的粪便可能是将本病传染给仔猪的主要传染源。在猪场中的鼠类、犬也可成为本病的传播媒介。传播方式为直接或间接水平传播。某些应激因素如运输、并群、拥挤、气温突变以及抗生素类添加剂使用不当,均可诱发本病。发病率为12%,病死率为 6%。

【临床症状】 潜伏期 3～6 周。6～20 周龄的断奶仔猪,慢性的临床症状为瘦小,虽然吃食正常,但生长发育迟滞。如回肠发生病变时则发生贫血。对食物好奇,但拒绝进食,表现迟钝、冷漠。有的发生腹泻,但粪便颜色正常。当肠道发生大面积损伤时,可发生无规律的腹泻,贫血,体重下降,病猪瘦长。较为严重的病猪,肠粘膜出现非常严重的炎症和坏死病变,呈现坏死性肠炎和局限性肠炎。在临床上持续性腹泻和营养低下。由于回肠壁形成穿孔,最终发生腹膜炎。怀孕母猪出现症状后 6 天,发生流产。

【病理变化】 猪肠腺瘤病变在小肠末端 50 厘米处和结肠螺旋的上 1/3 处。肠壁肥厚,肠管外径变粗。可见粘膜下和肠系膜水肿。粘膜表面湿润不粘,粘膜本身陷入纵横的深部皱襞中。大肠变化类似。常见到斑块和形成的息肉。坏死性肠炎是在肠腺瘤病变的基础上凝结性坏死和一些炎性渗出物形成灰黄色干酪样物,牢固地附着在肠壁上。局限性回肠炎,该肠俗称"袜管肠"。切开肠管可见溃疡面呈条形,比邻的正常粘膜呈岛状,有明显的肉芽组织,外层肌肥厚。增生性出血性肠炎,主要病变在小肠。回肠壁肥厚和外周水肿,肠腔中可含有血凝块。结肠中可见黑色焦油状粪便。肠内容物不呈液状。肠粘膜增生,但无明显损伤、溃疡和糜烂。

【诊　断】　①本病主要根据临床症状对活猪进行诊断。如生长迟缓为肠腺瘤的主要症状。如出现炎症和坏死性病变一定会出现腹泻。如果粪便带血应怀疑为增生性出血性肠炎。据此,可初步确诊。②在尸体剖检时,采用改进的抗酸染色法和姬姆萨染色法对粘膜涂片进行镜检,可见劳氏胞内菌的存在。该法简单,适用。③对于单纯性肠腺瘤病例,不用选择培养基即可在粘膜中发现大量的病原菌。对于粘膜受到损伤时,可用一种含煌绿、新霉素和三甲氧苄氨嘧啶的选择培养基来分离病原菌。④可以采用全菌抗原进行间接免疫荧光试验和酶联免疫吸附试验。所用的细菌抗原是由感染的肠道或人工培养。结果证实,猪对劳氏胞内菌产生反应的血清抗体是特异性的。⑤本病应与肠出血性综合征、猪痢疾和猪无形体病相区别。

【防　制】

1. 预防　①预防本病发生的基本原则是严格杜绝本病的传入,切断传染环节,坚持对猪群隔离饲养。实行全进全出和早期断奶隔离饲养。剖腹取仔,建立清净健康群。②猪出场后,对猪舍要用热水冲洗,然后用药物消毒,1小时以后再用清水冲洗1次,空闲1周,完全干燥后再进猪。③对于疫区的猪可采用间断式给药法,以预防和减少发病。对一定时期的生长猪,每隔2～3周给1次添加有效剂量抗菌类药物的饲料或饮水。④由于鼠类也带本菌,所以在猪舍内要消灭老鼠。

2. 治疗　①对繁育期的猪群中的急性增生性肠病,并认为以前猪群无本病发生时,取硫粘菌素 120 毫克/千克体重,泰乐菌素 100 毫克/千克体重,或金霉素 400 毫克/千克体重,饮用或拌料口服;也可对感染猪或接触猪肌注。连用 14 天。②在更新猪群时,对新种猪在运输经过污染区及进入感染群前进行预防性治疗。取硫粘菌素 120 毫克/千克体重,泰乐菌素 100 毫克/千克体重,林可霉素 110 毫克/千克体重,或金霉素 300 毫克/千克体重,拌料口服或饮水,连用 14 天。③在青年猪和育肥猪中流行该病时,用硫粘菌素 50 毫克/千克体重,金霉素 200 毫克/千克体重,林可霉素 110 毫克/千克体重,拌料口服或饮水,或肌内注射。怀孕母猪在产仔前 1~2 周进行治疗,能减少仔猪的感染。一定要保持用药剂量,不然效果不佳。

(十八)坏死杆菌病

仔猪坏死杆菌病俗称眼子病、开疮。是由坏死杆菌所引起仔猪的一种慢性传染病。特征是皮下和消化道粘膜坏死,内脏器官转移坏死灶。

【流行特点】　该病在炎热、潮湿、多雨的夏、秋季节多发。呈散发或地方性流行。仔猪比成年猪易感性高。病猪为传染源,带菌猪也可发病。污染的土壤、污水及吸血昆虫为传播的媒介。一些应激因素如猪舍潮湿,卫生条件恶劣,拥挤,饲料营养不全,饲料粗硬,气候闷热多雨,猪只相互啃咬和踩踏,吸血昆虫叮咬,长途运输等,均可诱发本病。

【临床症状】　潜伏期 1~3 天。主要症状分 4 种类型。

1. 坏死性皮炎　在体表和皮下组织发生坏死和溃烂。尤其是体侧、头、颈、臀部多见。初期,皮肤微肿,有一层干痂,硬固肿胀,无热无痛。痂下深部组织坏死,形成囊状坏死灶,内含黄色恶臭液体,以后皮肤腐烂,胸、腹部或颈部透创。病猪体温升高,食欲减退,如有混合感染会造成死亡。仔猪及架子猪多发。

2. 坏死性肠炎 病猪表现腹泻,排出带血脓样或坏死粘膜的粪便,恶臭。本病常与猪瘟、副伤寒并发或继发感染。

3. 坏死性鼻炎 病猪呼吸困难,咳嗽,流出脓性鼻液。鼻粘膜出现溃疡,并形成白色伪膜。坏死组织会波及鼻甲软骨、鼻和面骨,严重的会蔓延鼻旁窦、气管和肺组织。有的发生腹泻。此型仔猪和架子猪多见。

4. 坏死性口炎 病猪体温升高、厌食、腹泻、消瘦。口臭,流涎,从鼻孔流出黄色脓性分泌物。口腔粘膜红肿,在齿龈、舌、上腭、唇、颊及咽等处,见有灰白色或褐色伪膜,伪膜下为溃疡。病情进一步发展,不食,呼吸困难,呕吐,颌下水肿。严重的会波及到内脏,引起死亡。病程 4~5 天或更长。本型仔猪多见。

【病理变化】 在表皮见有坏死病灶,内脏也有转移性坏死病灶。在口腔、唇、舌等见有局部溃疡,肠管和肺也有坏死灶。严重的病猪在肺见有坏死性、化脓性胸膜肺炎。在鼻甲骨、气管、肺见有溃疡灶。肺见有圆球形、质硬、周围有红色炎性带环绕的转移病灶,转移的病灶外有结缔组织包囊,切面见病灶中心为黄褐色坏死灶,切面干燥。肝等其他器官也见有转移病灶。

【诊 断】 ①根据炎热、潮湿、多雨的季节,临床症状,尤其是皮肤及皮下组织坏死和溃疡及剖检内脏见有转移病灶,可初步确诊。但应进行病原菌检查。②在坏死灶与健康组织交界处采取病料涂片,革兰氏染色,镜检,可见革兰氏阴性多形杆菌,呈串珠状长丝或细长菌体。③采取病料用生理盐水制成悬液,给家兔耳外侧皮下注射 0.5～1 毫升,小鼠尾根皮下注射 0.2～0.4 毫升。家兔注射 2～3 天注射部形成坏死区,8～10 天死亡。小鼠注射后 3 天注射部发生脓肿,5～6 天死亡。剖检内脏有转移病灶。④本病应与猪瘟、猪副伤寒、口蹄疫、坏死性鼻炎、萎缩性鼻炎进行鉴别诊断。

【防 制】

1. 预防 ①对于本病应采取综合防制措施。要搞好猪舍卫生,定期进行消毒。②要注意猪只安全,在舍中防止咬伤、擦伤、碰伤。在运输中要避免擦伤。新引进猪只入舍时,要注意控制猪只打架咬伤。③经常观察猪群,发现病猪要及时治疗,对坏死组织、创液不能乱扔,应集中烧毁。目前,尚无菌苗防制本病。

2. 治疗 ①首先清除坏死组织,用消毒剂冲洗,然后用 5%碘酊或 5%硫酸铜溶液填塞。或取雄黄 30 克,陈石灰 100 克,加桐油调成糊状,填充创口。②用 0.1%高锰酸钾溶液冲洗口腔,涂以碘甘油,每天 1～2 次,连用 2～3 天。③用四环素、土霉素、磺胺类药物进行治疗,均有较好疗效。④要对症治疗,如强心、补液、解毒等,可提高治愈率。

(十九)肺炎双球菌败血症

仔猪肺炎双球菌败血症是由肺炎双球菌引起仔猪的一种急性败血性传染病。本病的特征为败血症、肺炎、关节炎和胃肠炎。

【流行特点】 本病除感染仔猪外,也感染犊牛和羔羊。病原为肺炎双球菌,常呈双排列,相邻的两端较为扁平,游离的菌端如箭头状。病猪和带菌猪是主要传染源。通过各种分泌物排出病原菌，污染饲料、饮水、用具等，经过呼吸道和消化道感染健康仔猪。成年母猪通过阴道分泌物和乳汁排出病菌传染给仔猪。饲养管理不当、环境卫生差均可促进本病的发生。病原菌进入猪体后，随淋巴液进入淋巴结，再进入血液循环大量繁殖，可引起败血症、毒血症、肺炎、关节炎、胃肠炎等。本病的发生无明显季节性，呈地方性流行。2～30日龄的仔猪多发，病死率较高。

【临床症状】 潜伏期3～15天，平均为3～7天。

1. 最急性型（毒血败血型） 发病突然，体温升高，体质衰弱，可视粘膜充血、潮红。呼吸和脉搏加快，从鼻孔流出泡沫状液体，全身震颤，病程3～10小时死亡。

2. 急性型（败血症型） 除见有败血症的症状外，常有湿性咳嗽，疼痛，从鼻孔流出鼻液，鼻孔常被污秽的干痂堵塞，呼吸困难。剧烈腹泻，腹痛。关节肿胀，跛行。因臀部肌肉麻痹而卧地。

【病理变化】

1. 最急性型 为急性败血症特征，如实质器官、浆膜和粘膜出血。

2. 急性型 皮下组织浆液浸润，鼻炎、气管炎和支气管炎。胸腔内淋巴结肿大，切面多汁，出血。肺水肿，出血。心内外膜出血。胸腹腔内有血样液体。肠粘膜肿胀、出血。肾包囊下出血。病程长的肺呈肝样变，纤维素性心包炎、胸膜炎、关节炎，并且关节表面软骨溃疡。

【诊 断】 ①根据临床症状、发病情况及剖检病变，可初步确诊，但最好进行病原体检测。②采取病死猪的血液、肺、肝、脾及淋巴结涂片，用瑞氏或骆氏美蓝染色，镜检，可见到有荚膜的双球菌,即可确诊。③可采取病死猪的血液、肝、肺、脾等病料送有关单位进行细菌学培养,或采取病料制成混悬液给小白鼠腹腔接种。

【防　制】

1. 预防　①对仔猪加强管理,供给全价饲料,以提高仔猪的抵抗力。对舍内的粪便经常清除,对地面、用具、工作服等定期进行消毒处理。②对饲料和饮水要严加管理,防止被病菌污染。对仔猪群经常观察,发现病猪应立即隔离治疗。

2. 治疗　①应用青霉素和磺胺类药物进行治疗。在治疗中,应依据仔猪的全身状况,进行对症治疗,如采用解热、镇痛、祛痰等。②对母猪的子宫内膜炎和乳房炎应及时治疗。子宫内膜炎,可用子宫洗涤器导入 0.1%高锰酸钾溶液或生理盐水或温开水对子宫进行冲洗。然后导入 10%磺胺噻唑注射液 20～50 毫升,或青霉素 40 万单位,隔日 1 次。乳房炎时应挤出病叶乳汁,涂上大黄末软膏或鱼石脂软膏,口服泻剂。病重的母猪,用普鲁卡因青霉素做乳房基底部封闭。已化脓的应切开,按化脓创处理。也可应用抗菌药物,进行全身消炎。

(二十)气 喘 病

仔猪气喘病也叫猪支原体肺炎、猪地方流行性肺炎。是由猪肺炎支原体引起仔猪的一种接触性、慢性呼吸道病。本病的特征为咳嗽,气喘,呼吸困难。肺有融合性支气管肺炎病变。

【流行特点】　本病在一年四季均可发生,但在寒冷的冬、春季节多发。哺乳仔猪和断奶仔猪最易感,发病率和病死率也高,其次为怀孕后期母猪和哺乳母猪。由母猪将肺炎支原体传染给仔猪,使此病在猪群中持续存在,特别在断奶时,将猪混群后更是如此。但仔猪到 6 周龄以后才能出现症状。病猪和带菌猪是主要传染源。病菌通过病猪的咳嗽、喷嚏、喘气随分泌物排出体外,形成气溶胶悬浮于空气中,健康猪经呼吸道而感染。由于饲养管理不好,猪群密度大、拥挤,猪舍卫生条件恶劣、潮湿,通风不良等应激因素的影响,也可诱发本病。

【临床症状】 潜伏期 5～7 天,最长达 1 个月以上。

1. 急性型 病猪精神沉郁,呼吸加快,每分钟达 60～120 次。喜卧,不愿走动。随后出现腹式呼吸,两前肢叉开,呈犬坐姿势。严重病猪,张口喘气,从口、鼻流出泡沫样鼻液。有时发出连续性至痉挛性咳嗽。只有少数病猪有微热。食欲一般正常,只有呼吸困难时食欲才减退或拒食。本型多见于新发生猪支气管肺炎的猪群,发病重,病程短,病死率高。经 1～2 周而死亡。幸存者转为慢性。

2. 慢性型 主要症状为长时间咳嗽,尤其是早晨起立驱赶、夜间、运动时和进食后发生咳嗽。由轻到重,严重时出现连续性痉挛性咳嗽。咳嗽时弓背、伸颈、头下垂,直到呼吸道中分泌物咯出为止。进一步发展,呼吸困难,呈腹式呼吸,后期不食。仔猪消瘦、体弱,发育缓慢,如有继发感染可引起死亡。病程 2～3 个月,有的长达半年以上。发病率高,病死率低。该型在老疫区多见。

3. 隐性型 病猪一般不显临床症状,有时在夜间或驱赶运动后出现轻微的咳嗽和气喘。生长发育基本正常。用 X 线检查时,可见到肺炎病变。该型在老疫区多见,若被忽视,则成为危险的传染源。

【病理变化】 主要病变在肺、肺的淋巴结和纵隔淋巴结。在炎症发展期,肺膨大,有不同程度的水肿和气肿。炎症消散时,肺小叶间结缔组织增生、硬化,表面下陷,周围组织膨胀不全。肺的病变主要在心叶、尖叶、中间叶、膈叶的前缘。常呈间质性肺炎的变化,两侧肺病变对称。病健部界限明显,呈实变外观,淡灰色与胰脏相似,呈胶样浸润,半透明。切面湿润、平滑,为肉样变。病情加重时,色加深,为淡紫红色、深紫色、灰白色或灰红色。状似胰脏组织,故称胰变。肺门淋巴结和纵隔淋巴结肿大、水肿,为白灰色。切面湿润,外翻,边缘轻度充血。

【诊　断】　①根据发病情况,临床症状,尤其是咳嗽、气喘、肺有融合性支气管肺炎病变,可初步确诊。②X线检查病猪肺的内侧和心隔角区见有不规则云絮状阴影,密度中等,边缘模糊。③用补体结合试验、免疫荧光抗体试验、琼脂免疫扩散试验、间接血凝试验、生长抑制试验、凝集试验检测本病,效果均好。④本病应与猪流行性感冒、猪肺疫、猪传染性胸膜肺炎、猪肺丝虫、蛔虫等进行鉴别诊断。

【防　制】

1. 预防　①采取综合防制措施控制本病。加强饲养管理,坚持经常性的卫生消毒工作。采取自繁自养的方式,不要从外地引进猪只。推广人工授精技术,实行"三定",即固定猪舍、固定饲养人员、固定工具。②经常观察猪群,发现咳嗽、气喘的病猪应立即隔离,检疫,确诊治疗。对猪舍,在搞好清洁卫生的基础上,要进行全面消毒。同时,对病群猪用抗生素治疗,促进病猪尽快康复。最根本的措施是用康复后母猪和无特定病原体猪培育健康群。③已研制出猪气喘病成年兔冻干菌苗、鸡胚卵黄囊冻干菌苗、乳兔肌肉冻干菌苗、兔化弱毒菌苗,免疫期达12个月。在各地应用证明,安全有效,无副作用。

2. 治疗　①盐酸土霉素30～40毫克/千克体重,用灭菌注射用水稀释后,分点肌内注射,每天1次,连用3～4天。泰乐菌素4～9毫克/千克体重,肌内注射,每天1次,连用3～5天。②林可霉素50毫克/千克体重,肌内注射,每天1次,连用 5 天。③卡那霉素注射液 3 万～4 万单位/千克体重,肌内注射,每天 1 次,连用 3～5 天。

(二十一)鼻支原体病

仔猪鼻支原体病也叫格拉斯病,或称多发性浆膜炎和关节炎。是由猪鼻支原体引起仔猪的一种支原体性传染病。本病的特征为多发性浆膜炎和关节炎。

【流行特点】 病猪和带菌猪是主要传染源。猪鼻支原体普遍存在于幼猪的鼻腔、气管和支气管中,由于肺炎等疾病和应激因素,很可能促进猪发生败血性感染。猪鼻支原体能定居于关节和有浆液膜的体腔,引发急性浆液纤维素性炎症。3～10 日龄的仔猪最易感染发病。病原体在猪的上呼吸道内,经飞沫和直接接触而水平传播。本病主要由带菌母猪和病猪通过呼吸道排菌,传染给仔猪。多数感染猪不表现临床症状。10%左右的母猪,30%～40%的断奶仔猪能从鼻腔分离到该支原体。本病的发生与仔猪的日龄、菌株对浆膜的亲嗜性及猪的遗传易感性有关。

【临床症状】 本病在感染和受应激刺激后 3～10 天出现症状。在急性期,体温升高,但不超过 40.6℃。精神不振,食欲减退,被毛松乱,倦怠,走路困难,腹部敏感,身体蜷曲,呼吸困难,关节肿大,跛行。病程经 10～14 天后症状减轻,主要是关节肿胀和跛行。关节炎能发生于任何关节,以跗关节、膝关节、腕关节和肩关节最常见。偶尔侵害寰枕关节,病猪头转向一侧或后仰。在本病的亚急性期,关节的症状最严重。在发病后 2～3 个月,关节肿大和跛行可能减轻,但有的猪 6 个月后仍出现跛行。

【病理变化】 急性期的病变为急性、浆液性、纤维蛋白性和脓性纤维蛋白性心包炎、胸膜肺炎,并伴有腹膜炎。关节滑膜充血、肿胀,滑液量明显增加,并含有血液和血清。亚急性期的病变为浆膜上有机化的纤维素附着,纤维素性粘连、增厚,浆膜浑浊不光滑,呈云雾状。关节的滑膜明显增厚,绒毛明显肥大,滑液为浆液性、明显增量。3～6个月后,可见到软骨坏死和血管呈网状增生。

【诊　断】　①根据发病主要是3～10周龄的仔猪,临床症状主要为多发生浆膜炎和关节炎,可初步确诊。但必须进行病原体检查,才能最后确诊。②无菌采取鼻腔及呼吸道分泌物或浆膜、关节渗出液,接种于支原体检测培养基上,37℃培养3～7天,在显微镜下能看到"荷包蛋"样、大小在0.1～1毫米的菌落,可判为阳性。③取肿胀关节滑液滴于盖玻片上,放入50℃～60℃干燥箱中干燥45分钟,用预冷的70%乙醇固定,未干前用0.05%伊万蓝在37℃中染色30分钟,再滴加单克隆抗体60分钟,然后用洗涤液漂洗3次,再滴加荧光素标记的羊抗鼠抗体进行反应,最后用荧光镜检查,如见有亮绿色的荧光,可判为阳性。④本病应与猪滑液支原体性关节炎、嗜血杆菌性多发性浆膜炎、猪传染性胸膜肺炎进行鉴别诊断。

【防　制】

1.预防　①加强饲养管理,控制和消灭猪群中的呼吸道病,如猪气喘病、猪萎缩性鼻炎等,减少应激因素。②猪舍及运动场的粪便要经常清除,对地面、用具、工作服等要定期消毒。舍内不要太拥挤,保持干燥,通风换气,透光,冬季要防寒保暖等,可减少本病发生。

2.治疗　一般用抗生素治疗效果不佳,可能是由于炎症反应所致。用泰乐菌素或林可霉素治疗有一定疗效。对嗜血杆菌性多发性浆膜炎,可用磺胺噻唑治疗,效果会更好一些。

（二十二）滑液支原体关节炎

仔猪滑液支原体关节炎是由滑液支原体引起仔猪的一种支原体病。本病的特征为非化脓性关节炎和跛行。

【流行特点】 滑液支原体在母猪的鼻腔和咽喉分泌物中长期存在,一般由带菌的成年猪传染给仔猪。所以,带菌母猪和病猪为传染源。在本病的急性期,病猪从鼻粘膜分泌物中排出大量的滑液支原体。仔猪 4～8 周龄时最易感染,在某些猪群中,多数猪在 12 周龄时都曾经历过鼻或咽喉感染。本病传播速度快,与猪舍卫生条件差,猪群密度过大、拥挤,通风不良等有密切关系。本病的发病率为 1%～5%,病死率很低。

【临床症状】 鼻腔感染 2～4 天,猪滑液支原体进入血液,形成菌血症持续 8～10 天,此时发生关节感染。许多感染的关节如果不发生炎症病变,只有几天即可恢复。一旦发生急性关节炎,病原体可长期在关节中存在。病猪体温正常或稍高,食欲减退,体重减轻。突然在一条或几条腿发生跛行。后肢发病则步态不稳,站立困难,喜卧,病腿屈曲,轮换负重,或将后腿前伸。前肢发病则肢体僵直,跛行或跪行。一般见不到关节肿胀,多在膝关节、肩关节、肘关节、跗关节等处发生非化脓性炎症,在腕关节的侧面或跗关节的跖面上见假囊肿大。急性期的病例出现症状 3～10 天后逐渐减轻,看不见跛行或只有肢体僵硬,但也有些猪的跛行持续数周或更长时间。

【病理变化】 急性期的病例滑膜肿胀、水肿、充血。滑液量增多,呈黄褐色,为浆液纤维素性到浆液血性,关节周围组织水肿。亚急性病例,滑膜从黄色到棕色、充血、肥厚,绒毛稍肥大。慢性病例,滑膜明显增厚,能看到血管呈网状增生。关节软骨可见灶性病变。

【诊　断】　①根据发病情况,临床症状(主要为跛行)及病理变化为非化脓性关节炎,可初步确诊。②对急性跛行的病猪用青霉素治疗无效,可怀疑为滑液支原体性关节炎。③滑液支原体分离,在含马血清、火鸡血清的培养基上,能形成薄膜和斑点。不能液化凝固血清。在培养基上加0.5%猪胃粘蛋白可促进生长。④可用补体结合试验、代谢抑制试验检测抗体,效果明显。⑤本病应与慢性猪丹毒关节炎、猪鼻支原体病等鉴别。本病4~8周龄时易感,12~24周龄出现症状。而鼻支原体病多在3~10周龄仔猪出现症状。

【防　制】

1. 预防　①加强饲养管理,搞好猪舍内的清洁卫生和定期消毒工作。舍内的猪只密度不要过大,对4~8周龄的仔猪应减少应激刺激。②该支原体对猪体具有免疫性,但目前国内外尚没有菌苗应用。

2. 治疗　①用泰乐菌素、林可霉素治疗,每千克体重10毫克,肌内注射,连用3天。如能配合应用皮质醇,疗效会更好。②延胡索酸泰妙菌素,每千克体重100毫克,拌料喂服,或每千克体重8.8毫克,对水饮服,均有一定疗效。

(二十三)猪副嗜血杆菌病

仔猪副嗜血杆菌病也叫猪多浆膜炎综合征,或称猪纤维蛋白性浆膜炎和关节炎、革拉泽氏病。是由猪副嗜血杆菌引起的一种传染病。本病的特征为多发性浆膜炎和关节炎。

【流行特点】　本病哺乳仔猪多发。当仔猪断奶或离窝运输时最易发生。因此,又称为运输病。本菌只感染猪,可从健康猪鼻分泌物、患肺炎猪的肺脏分离出此菌,但正常猪肺分离不出来。在猪体内该菌为次要病原,只有与其他细菌或病毒协同感染时才能引发本病。试验证明,此菌可能为纤维素性、化脓性支气管炎的原发因素。病猪和带菌猪是本病的传染源。主要通过空气传播。健康仔猪与带菌猪通过接触经呼吸道而感染。气候突变,舍内猪只密度过大、拥挤,长途运输,舍内卫生条件恶劣等均可诱发本病。本病一般为散发,也可呈地方性流行。病死率达 50%。

【临床症状】 潜伏期 1～5 天。在猪群中突然发病。病仔猪体温升高达 40.5℃～42℃。精神不振,眼结膜潮红。食欲减退或拒食。被毛粗乱,消瘦。心跳快速,能听到摩擦音。肺有病理性声音。呼吸困难。皮肤出现紫斑。走路缓慢,共济失调。可视粘膜发绀。常发出尖叫声。喜卧,呈犬坐姿势。多见腕关节和跗关节肿胀,发热,有痛感。末期,病猪发生脑膜炎时,出现神经症状。1～2 月龄的猪呈败血症。急性感染母猪流产,公猪跛行。

【病理变化】 主要在单个或多个浆膜面,如腹膜、胸膜、心包膜、脑膜和关节面发炎,可看到浆液性、化脓性、纤维素性蛋白渗出物。另外,也可引起筋膜炎和肌炎、化脓性鼻炎。

【诊 断】 ①根据发病情况,临床病状和病理变化可初步确诊,但最好进行病原体检查。②采取浆膜面物质或渗出的脑脊髓液和心脏血液送实验室,接种转移培养基上,可分离出本菌。用脱纤蛋白血和胰蛋白胨血液琼脂培养基,能提高该菌的生长速度。③用绵羊或牛血液琼脂培养基与葡萄球菌做交叉划线接种,培养 24～48 小时,该菌出现在葡萄球菌菌落周围,呈卫星现象。

【防 制】

1. 预防 ①加强饲养管理、搞好猪舍的卫生和消毒工作是控制本病的基本措施。早期断奶不能控制本病的发生。断奶和运输时,更应对仔猪加强护理。只有对仔猪从各种用药途径给予敏感的抗生素,才能使本菌得到有效的控制和消除。对新引进的猪只,必须进行隔离检疫后才能入群。②母猪的免疫力和天然的免疫力是控制本病的关键因素。事先让猪接触无致病力的猪副嗜血杆菌株,以培养对后来有毒菌刺激的抵抗力。给母猪接种菌苗后,对 4 周龄以内的仔猪产生保护力,这时再用含有相同血清型的灭活菌苗,激发小猪的免疫力。实践证明,通过商品菌苗或使用猪特异性灭活菌苗,可成功地控制本病的发生。

2. 治疗 ①发现病猪后,应对整个猪群用大剂量青霉素进行治疗。青霉素 100 万～200 万单位,链霉素 50 万～100 万单位,联合肌注,每天 2 次,直至体温正常为止。②10％磺胺嘧啶钠 10～30 毫升,加馏水 5～15 毫升,肌内注射,每天 2 次。③由于细菌对青霉素的抗药性增强,所以,也可用氨必西林、庆大霉素、壮观霉素以及增效磺胺类药物治疗。但大多数菌株对四环素、红霉素、林可霉素等有抵抗力,所以治疗效果不佳。

(二十四)渗出性皮炎

仔猪渗出性皮炎也叫油猪病、触染性脓疱病或称触染性脂溢性皮炎。是由猪葡萄球菌引起哺乳仔猪和断奶仔猪的一种急性传染病。本病的特征为全身性皮炎。

【流行特点】 本病哺乳仔猪和刚断奶的仔猪多发,尤其 10～20 日龄仔猪常见此病。由于成年猪带菌,所以仔猪出生时可被感染,感染后 12 小时内全身出现干燥的鳞屑或鳞片,脱毛。有时一窝仔猪发病,呈散发。也有的一窝挨一窝的发病,呈流行性发作。病猪和带菌猪是主要传染源。将没有免疫力的母猪放入污染猪舍或接触感染的动物,会使本病持续存在。连续在几窝没有免疫力的母猪所生的仔猪中传播,病死率达70%。无免疫力的仔猪与带菌仔猪混群,可能暴发本病。有人从猪鼻粘膜、眼结膜、耳朵或鼻、口部皮肤及小母猪及母猪阴道中分离到葡萄球菌。所以仔猪可通过产道而感染。由于猪舍中空气污染葡萄球菌浓度很高,所以健康猪也可通过呼吸道而感染。1～4周龄哺乳仔猪的发病率为10%～90%,病死率为5%～90%,平均为20%。3～6周龄的断奶仔猪发病率高达80%,但病死率低。

【临床症状】 潜伏期4～6天。急性型可见眼周围、鼻、唇、牙床和耳后皮肤呈红褐色斑点,进一步发展为水疱和脓疱。由于皮肤、汗液和浆液相互混合形成油状渗出物,使皮肤潮湿,油腻。红斑出现,覆盖全身,皮肤表面的渗出物变厚、结痂,皮肤较干燥,有酸败的恶臭味。但无瘙痒。痂皮脱落,可见红肿、粗糙的皮肤,蹄部冠状带和足跟糜烂。眼睑肿胀,粘连。便秘,偶见腹泻,脱水,消瘦。出现症状后3～5天死亡。本病还能引起肾盂、肾小管的损害。也有人报道有神经症状。6～10周龄到5月龄的猪多为慢性型。断奶仔猪偶见散在的圆形隆起丘疹,呈红褐色,多见于面部,躯干部少。

【病理变化】 初期,在口、眼、耳周围及腹部等处,皮肤变红和出现清亮的渗出液,轻刮腹部皮肤易剥离。后期,病猪皮肤上覆盖一层厚的、有臭味的痂皮,呈棕色和油腻状。恢复期,皮肤变干,结痂。外周淋巴结肿大。多数病猪空腹,在肾的髓质切片中见有尿酸盐结晶,在肾盂中见有粘液或结晶物质,可能为肾炎。其他器官无可见病变。

【诊　断】 ①根据临床症状,尤其是病猪全身皮肤发炎,油脂样结痂,不发热,无瘙痒,脱水、消瘦,可初步确诊。最好进行病原检查,才能确诊。②用脓汁或渗出液等涂片,革兰氏染色,镜检,如见革兰氏阳性、单个或成双或葡萄状排列的球菌,可判为此病。③采取病料接种于血液琼脂平板培养基上,37℃培养24小时,可见橘黄色或白色菌落,光滑如奶油状,有β溶血圈。再采取菌落放于载玻片上,加1滴30%双氧水混合,立即产生气泡为阳性。④本病应与猪痘、疥癣、玫瑰疹及缺锌症鉴别诊断。

【防 制】

1. 预防 ①加强饲养管理,搞好环境卫生。猪舍要通风良好,湿度、温度要适宜。对舍内的粪便要及时清除,对地面、用具等要全面消毒。要消灭猪虱和螨,以防传染。②母猪在进产房前要对产房清洗消毒,对产后母仔舍也要同时彻底消毒。③要修齐仔猪的牙齿,围栏表面要光滑,可用稻草或木屑做垫料,以防止刺破仔猪的皮肤。④国外有人用发病猪场的菌株制成自体菌苗,用于免疫产前的母猪,能保护新引进的母猪所产的仔猪。但自体菌苗应该用菌体和含有表皮脱落毒素的培养上清液来制造。

2. 治疗 ①可用青霉素、卡那霉素等治疗。青霉素40万～80万单位,肌内注射,每天2次,连用3天。②用温肥皂水清洗患部,干后涂擦磺胺软膏,或涂擦植物油等。③在1000千克饲料中加入土霉素碱300克,充分混合后,连喂2周。

(二十五)皮肤真菌病

仔猪皮肤真菌病也叫霉菌病、钱癣、脱毛癣、秃毛癣或称匐行疹。是由真菌引起仔猪的一种皮肤真菌病。本病的特征为被毛、皮肤、蹄等角化组织损害,形成癣斑、脱毛、脱屑、炎性渗出、痂块、发痒。

【流行特点】 本病一年四季均可发生，以秋、冬季节多发。仔猪易感性强。由于皮肤真菌来源不同，所以，猪接触带有病原的土壤而感染，呈散发，在猪间相互传染。病猪与健康猪直接接触而感染，或者通过被污染的媒介间接接触而感染。如果猪舍阴暗、潮湿、卫生条件恶劣，舍内养猪密度太大、拥挤、通风不良等均可诱发本病。

【临床症状】 本病主要发生在皮肤表面，不侵入真皮层。病原菌在皮肤表皮角质层、毛囊、毛根鞘和其他细胞中繁殖。也有的穿入毛根内繁殖。由于真菌产生的外毒素作用，使真皮充血、水肿、发炎，可见皮肤出现丘疹、水疱和皮屑，脱毛、毛囊炎和毛囊周围炎，有痂皮。在猪的眼眶、口角、颜面部、颈和肩部、四肢及背腹部，见有硬币大小的的圆斑，俗称癣斑，也有不规则的匐形疹如地图状。病初皮肤潮红，见有小水疱，以后结痂，在痂块之间有灰棕色至稍黑色的皮屑性覆盖物。皮肤皲裂、变硬。病猪皮肤瘙痒，不安，摩擦患部。食欲减退，消瘦，贫血等。

【诊　断】 ①根据发病情况和临床症状，可初步确诊。但必须进行病原体检查，才能最后确诊。②采取病变部的皮屑、癣痂或渗出物，放于载玻片上，滴加10%氢氧化钾溶液1滴，盖上盖玻片，镜检，可见到分枝的菌丝体和各种孢子。③将病料给家兔皮肤擦伤接种，7～8天后局部出现炎症反应，可判为阳性。④将病料用2%石炭酸溶液浸渍数分钟，再用生理盐水冲洗，然后接种在沙堡氏琼脂培养基上，25℃培养2～3周，如有菌落生长，可对其进行染色，镜检，观察菌丝和孢子。⑤本病在临床上应与疥癣、皮肤湿疹、过敏性皮炎鉴别诊断。

【防　制】

1. 预防　①搞好猪舍的清洁卫生,粪便要及时清除,对地面、用具、工作服等定期用 5％热碱水或 0.5％过氧乙酸溶液消毒。猪舍要透光,保持干燥,通风换气。②对猪群每天要细心观察,发现病猪立即隔离治疗。③由于本菌也能感染人,所以工作人员要做好个人卫生防护。

2. 治疗　①首先将患部剪毛,用温肥皂水洗净,然后涂擦药物。如水杨酸软膏、氧化锌软膏、克霉唑癣药水等,均有疗效。②如皮肤破损感染,可用新配制的过氧化氢溶液喷洒,每天数次,直到痊愈为止。③还可用制霉菌素、灰黄霉素进行治疗,效果也很好。

(二十六)钩端螺旋体病

仔猪钩端螺旋体病也叫细螺旋体病。是由致病性钩端螺旋体引起猪的一种自然疫源性传染病。本病的主要特征为急性病猪发热,黄疸,血红蛋白尿,出血性素质,粘膜和皮肤坏死,水肿。

【流行特点】　本病在长江流域及南方各地发病较多。有明显的季节性,在夏、秋季节发生,以 6～9 月份多发。一般呈散发或地方性流行。幼猪较成年猪易感性强,发病也多。病猪和带菌动物是主要传染源,通过各种途径将病菌排出体外,尤其以尿道排出为主。污染水、土壤、植物、食物和用具等,因接触而感染。感染途径经皮肤感染为主,尤其是损伤的皮肤感染率高。其次为粘膜感染,子宫内也能感染。此外,也可经消化道或因交配而感染。国外的研究表明,本菌感染从 12 周龄仔猪变得明显,到屠宰时感染率达 90％,急性型的病死率达50％以上。

【临床症状】 潜伏期 3～7 天。断奶前后的仔猪感染后，初期体温升高，精神沉郁，食欲减退。眼结膜潮红，鼻流出浆液性鼻液。稍后，眼结膜水肿，潮红，发黄，苍白。头部、颌部、颈部或全身水肿是仔猪的一个特征性症状。尿液呈黄色或茶色，含有血红蛋白，严重时为血尿，有臭味。粪便时干时稀。病猪消瘦。皮肤损伤，形成痂块，甚至坏死。病程 10～30 天，不死者成为僵猪。

【病理变化】 急性病例可见皮肤、皮下组织、浆膜和粘膜黄染。肾肿大，皮质部见有灰白色病灶。淋巴结肿大，出血。肝肿大，呈棕黄色。胆囊肿大，充盈。肺、肾、心、肠系膜和膀胱粘膜出血。胸腔、腹腔和心包积液，呈黄色。膀胱内有血红蛋白尿或茶样胆色素尿。皮肤坏死，皮下水肿。慢性病例的病变局限在肾脏，可见散在的周围有出血环的小灰色病灶。镜检时，可见间质性肾炎的进行性病灶。

【诊　断】 ①早期采取体温升高病猪的血液，晚期采取尿液。病死猪或扑杀后 2～3 小时内的猪，可采取肝、肾研磨成悬液，制成液滴压片，置暗视野下观察，或采取病料直接抹片或涂片，染色，镜检能看到病原体。②采取上述病料，腹腔接种 3 月龄豚鼠，如体温升高、黄疸、天然孔出血等，于濒死期扑杀，取肝、肾制成悬液，液滴压片镜检，或抹片染色镜检。③对疫水鉴定时，将豚鼠除去体表部分被毛，浸泡在疫水中 30 分钟，然后饲养观察。发现发热、黄疸、天然孔出血等，可宰杀取病料，抹片镜检。④可用凝集溶解试验、补体结合试验、炭凝集试验、酶联免疫吸附试验、对流免疫电泳、乳胶凝集试验等方法检查本病，效果较好。但凝集溶解试验特异性高，可用来检疫和定型，为常用的检验方法。

【防　制】

1. 预防　①本病为自然疫源病，隐性感染普遍，所以，要加强管理，防止水源、农田污染，搞好环境及猪舍的卫生消毒工作。用 3% 克辽林或 20% 石灰水，对地面、用具等进行彻底消毒。②禁止用病死猪喂其他食肉动物。在猪场内要消灭鼠类，保证水源、饲料免受鼠类粪尿污染。③坚持自繁自养的饲养方式，如必须从外地引进种猪时，应事先了解原猪场疫情，并且要隔离检疫，确认无病后方可入群。④中国兽药监察所已用波摩那型和犬热型钩端螺旋体培养物研制出油佐剂浓缩苗，猪肌内接种 1 毫升。另外，还可应用三价或五价苗。⑤本病为人畜共患传染病，在公共卫生上非常重要。一定要做好个人的卫生防护工作。

2. 治疗　①土霉素 0.75～1.5 克/千克饲料，混合均匀喂服，连用 7 天。②30 千克重的猪用青霉素 120 万单位，链霉素 100 万单位，生理盐水稀释，1 次肌内注射，每天 2 次，连用 2～3 天。③全群治疗时，可交替用药，四环素 3～5 天，泰乐菌素 5 天，红霉素 5 天，拌于料中喂服。

（二十七）衣原体病

仔猪衣原体病也叫鹦鹉热或称鸟疫。是由鹦鹉热衣原体所引起仔猪的一种接触性人畜共患传染病。本病的特征为结膜炎、肠炎、肺炎、多发性关节炎、脑炎。

【流行特点】　本病仔猪和怀孕母猪易感性强。病猪和带菌猪是主要传染源。哺乳动物如牛、羊等，禽类、鸟类及啮齿动物为此菌的携带者，也可成为猪的传染源。该病原体可由粪便、尿、乳汁、流产胎儿、胎衣和羊水排出，污染饲料、饮水、工具及周围环境，经消化道而感染健康猪。也可经飞沫和污染的尘埃,经呼吸道而感染。蝇和蜱在本病的传播上起媒介作用。如果猪舍阴暗潮湿,饲养密度大,拥挤,卫生条件差,通风不好,营养不良,长途运输,突然更换饲料等应激因素影响,均可诱发本病。在集约化猪场于冬季多发。持续传染是本病的特征。本病常呈地方性流行。初产母猪的流产率为 40%～90%。断奶仔猪的病死率为 20%～60%。

【临床症状】 本病的潜伏期 3～11 天。断乳前后的仔猪体温升高,精神不振,颤抖,干咳,呼吸迫促,听诊肺部有啰音,从鼻孔流出浆液性分泌物。厌食,发育不良。腹泻,脱水,吮乳无力,病死率高。结膜发炎,充血,流泪。角膜浑浊,眼角有分泌物。2～4 月龄的小猪感染,临床上出现一种或几种类型。肺炎型呈慢性肺炎经过,体温升高,精神不振,呼吸困难,干咳,鼻流清涕。后出现神经症状,如兴奋、尖叫、突然倒地,四肢呈游泳状划动。肠炎型出现腹泻,脱水,全身中毒症。如混合感染,病死率高。角膜结膜炎型为结膜潮红,角膜浑浊,羞明,流泪,精神沉郁,厌食。多关节炎型表现关节肿胀,疼痛,跛行。多浆膜炎型为胸膜、腹膜、心包膜发炎,精神沉郁,不食,喜卧,发热,体腔内有渗出性炎症,病死率高。

【病理变化】 肺炎型可见肺肿大,表面有许多出血点和出血斑,肺充血或淤血,质地坚硬。在气管和支气管内积有多量分泌物。肠炎型可见肠系膜充血,肠内容物稀薄、红染。肠系膜淋巴结充血,水肿。肝、脾肿大。多发性关节炎和浆膜炎,可见关节周围组织水肿、充血、出血,关节腔内渗出物增多。胸膜、腹膜、心包膜发炎。

【诊　断】 ①根据发病情况,临床症状及病理变化,可怀疑本病。确诊需进行病原体检查。②采取病死猪的病料,做触片或涂片,自然干燥,甲醇固定 15 分钟,再用姬姆萨染色液染色 30～60 分钟,蒸馏水冲洗,晾干,镜检。在油镜下可见衣原体原生小体染成紫红色,网状体染成蓝紫色。③采取病料制成悬液,腹腔接种 3～4 周龄的小白鼠,观察 4～15 天,再检查时可见大量的衣原体。④可用间接血凝试验、补体结合试验、琼脂免疫扩散试验、免疫荧光试验、酶联免疫吸附试验检查本病,效果均好。⑤本病应与猪布氏杆菌病、伪狂犬病、细小病毒病鉴别诊断。

【防　制】

1. 预防　①加强饲养管理,搞好猪舍内卫生和消毒工作。要坚持自繁自养的原则,如需引进种猪时,必须隔离检疫,无病方可入群。②严禁其他家畜和鸟类进入猪舍,同时要消灭舍内的鼠类、蝇和蜱。③对于母猪流产的胎儿、胎衣及排泄物和污染物,一律焚烧或深埋。对种公猪要定期检疫,确认健康后方可配种。④中国农业科学院兰州兽医研究所已研制出猪衣原体油佐剂灭活菌苗,繁殖母猪在配种前 1 个月皮下注射 2 毫升,每年 1 次,连用 2～3 年。种公猪每年免疫注射 1 次,皮下注射 2 毫升。⑤公母猪在配种前 1～2 周及母猪产前 2～3 周,给予四环素类制剂,按 0.02%～0.04% 的比例拌料,喂服,连用 1～2 周。

2. 治疗　①新生仔猪肌内注射 1% 土霉素注射液,每千克体重 1 毫升,每天 1 次,连用 5 天。②从 10 日龄开始,用四环素类药物,每千克体重 0.1 克,拌料喂服,直到 25 千克重为止。③仔猪断奶或患病时,用含 5% 葡萄糖的 5% 土霉素溶液,每千克体重 0.2 毫升,连注 5 天。

（二十八）附红细胞体病

仔猪附红细胞体病是由猪附红细胞体引起仔猪的一种热

性、溶血性传染病。本病的主要特征为高热,贫血,黄疸,皮肤发红。

【流行特点】 本病仔猪比成年猪易感性强,尤其是断奶后的仔猪和阉割几周后的仔猪易感染发病。仔猪的发病率和病死率也比成年猪高。猪附红细胞体具有种属特异性,不感染牛、羊、鼠。本病的传播有直接和间接两种途径。通过摄食血液或含血的物质,健仔猪舔食断尾病猪的伤口,断奶仔猪相互咬斗,或喝了被血污染的尿而直接传播。由于本病在夏季多发,所以,可通过活的媒介如虱子,以及被污染的注射器、断尾器、打号机、阉割器械而间接传播。交配时,公猪通过被污染的精液,将此病传染给母猪。再有,猪舍饲养密度大、拥挤,天气突变,更换圈舍,突换饲料,或有其他慢性病等,均可诱发本病。

【临床症状】 潜伏期 6～10 天。急性期的仔猪精神不振,食欲减退或拒食。皮肤和粘膜苍白,黄疸。呼吸困难,体温高达 42℃。稽留热。四肢末端,特别是耳廓出现大理石样条纹或暗红色。这是本病的特征性症状。慢性期的病猪明显消瘦,贫血,发绀的耳廓,尤其是边缘坏死。有时出现荨麻疹或病斑,全身大部分皮肤为红色,指压不褪色,俗称红皮猪。

【病理变化】 急性死亡的仔猪,全身皮肤黄染,有紫色的出血点或出血斑。四肢末梢、耳尖及腹下可见大面积紫红色斑块,有的全身红紫。血液稀薄如水,凝固不良。肝肿大,土黄色或黄棕色,质脆。胆囊含有浓稠的胶冻样胆汁。脾肿大,质地柔软,有暗红色出血点,边缘不整齐,有粟粒大丘疹结节。肾肿大,浑浊,呈土黄色。肺肿胀,淤血水肿。心肌苍白,松软,心内外膜和心冠沟脂肪出血,黄染,有针尖大出血点。胸腔、腹腔、心包积液。全身淋巴结肿大,切面外翻,有液体渗出。全身肌肉色泽变淡,脂肪黄染。

【诊　断】　①根据断奶仔猪持续高温,耳廓边缘发绀,皮肤、粘膜苍白,黄疸,血液稀薄,全身皮肤发红,可初步确诊。②在发热期从耳部采血,涂片,姬姆萨氏或瑞氏染色,镜检,可见红细胞内寄生的球形、环形、圆盘状,少数短杆状、胞膜较厚的稍淡红色单体,大小为 0.8～1.2 微米。③可用间接血凝试验、补体结合试验、酶联免疫吸附试验检测本病,有较好效果。

【防　制】

1. 预防　①加强饲养管理,搞好环境卫生和消毒工作。阻断病原的传播途径和防止再感染至关重要。②对会引起血液传递的有关操作一定严加管理,如对母猪进行注射和放血,一定要更换器械,在给仔猪断尾、阉割、打记号、剪齿、注射时,每窝猪应用不同的消毒器械。③对猪体内外寄生虫及其他的疾病均应及时确诊,治疗。④减少应激因素,如舍内不要拥挤,饲料不要突然更换,气候突变、长途运输、更换圈舍等均应做好防护工作。⑤在常发区,于发病季节每 1000 千克饲料加入 600 克土霉素,混合均匀后,喂服,连用 2～3 周,可预防本病发生。

2. 治疗　①土霉素或四环素,每天 5～10 毫克/千克体重,分 2 次肌内注射,连用数日。②新胂凡纳明(九一四)10～15 毫克/千克体重,静脉注射,12～24 小时后病原体消失。多供给饮水,可预防副作用。③对氨基苯胂酸钠,每 1000 千克饲料加 180 克,连用 1 周,以后改为半量,连用 1 个月。④血虫净(贝尼尔)每千克体重 5 毫克,用生理盐水稀释成 5% 溶液,肌内注射,1 天 1 次,连用 2 次。对贫血的 1～2 日龄仔猪注射铁制剂 200 毫克和土霉素 25 毫克,2 周龄时再注射 1 次。

（二十九）巴尔通氏体病

仔猪巴尔通氏体病是由巴尔通氏体引起仔猪的一种疾病。本病的特征为消瘦、贫血和皮肤丘疹结节。

【流行特点】 本病哺乳仔猪和断奶仔猪多发。成年母猪、公猪、育肥猪及架子猪为隐性感染。病猪和隐性感染猪是主要传染源。病原体主要存在血液内，其次为肝、肾和肺内，在粪尿中也能存在。在猪群中的感染率达 57%～58%，病死率为 40%～50%。

【临床症状】 病猪体温升高至 40℃～42℃，精神沉郁，厌食或拒食。眼结膜先潮红后变白。腹泻，粪便呈黄色，胶状，有腥臭味。呼吸困难，四肢抽搐，体温下降后死亡。病猪消瘦，贫血、鼻盘、两耳、四肢及胸腹下皮肤发绀，被毛粗乱无光泽。皮肤多处有黄豆粒大小或拇指大小的紫黑色疹块结节，上有焦状干痂，下为红色烂斑。耳背肿胀，耳尖龟裂，卷缩外翻。尾尖干硬，干性坏死，脱落。

【病理变化】 病猪眼结膜苍白，四肢、腹下等皮肤发绀。皮肤多处可见蓝紫色疹块结节，上有干痂，揭去见有烂斑。肌肉如煮肉状。肝肿大、出血、变性，呈黄红相间外观，边缘有黑紫色坏死灶。肾肿大、出血。脾肿大，边缘有坏死或梗塞。全身淋巴结肿大、出血，切面湿润。气管内有粘稠性液体。血液稀薄如水，凝固不良。

【诊　断】 ①根据发病情况，临床症状，尤其是消瘦，贫血，两耳、鼻盘、四肢及腹下皮肤发绀，皮肤上有大小不等的紫黑色疹块结节，耳尖龟裂、卷缩外翻，尾尖干硬、坏死、脱落，及病理变化，可初步确诊。但应对病原体进行检查。②采取病猪的血液、肝、脾、淋巴结，涂片或触片，瑞氏染色，镜检，可见蓝紫色或紫红色小体。在血片中见有红细胞形态改变为芒状或伪足样变化,在红细胞凹处可见很多小体。在触片上也能见到多形态小体。③采取肝、脾、淋巴结等病料,接种于一般固体培养基上,37℃培养 8～12 小时,可见灰白色、干涸突起的小菌落。④采取本菌培养物接种哺乳仔猪,可复制出本病的相同症状,体温下降后死亡。

【防　制】

1. 预防　①加强饲养管理,哺乳仔猪一定要吃足奶,如母猪乳头少或奶不足,应另行安排代养或人工哺乳。断奶仔猪要供给全价饲料,不要轻易改变饲料。②对猪舍及运动场的粪便要经常清扫,定期进行消毒。对仔猪要护理好,减少各种应激反应。

2. 治疗　①血虫净 10 毫克/千克体重,肌内注射,隔日 1 次,连注 3 次。②对氨基苯胂酸钠 0.18 克/千克饲料,混料喂服,连服 7 天。以后改半量,连喂 1 个月。③如发现贫血,可用右旋糖酐铁注射液 100～200 毫升/次,肌内注射,隔 2～3 天再注射 1 次。同时,注射维生素 B_{12}0.3～0.4 毫克/次,肌内注射,隔 2～3 天再注 1 次。

第三章 仔猪寄生虫病的防治

一、仔猪原虫病

(一)球虫病

仔猪球虫病是由球虫引起仔猪的一种原虫病。本病特征为腹泻,粪便呈黄色到灰色。

【病原及生活史】 猪的球虫有 16 种,其中艾美耳球虫属有 13 种,等孢球虫属有 3 种。国内报道猪球虫有 2 个属 8 个种.其中猪等孢球虫致病力最强.该虫呈球形或亚球形,无色,光滑,卵囊壁薄。孢子化卵囊内含有 2 个孢子囊,每个孢子囊内有 4 个子孢子,潜伏期 10～12 天。猪球虫主要寄生于猪的小肠内,有 3 个无性世代和 1 个有性世代,感染后第二天,出现第一个无性体,产生 2～7 个裂殖子。3～4 天后产生第二个无性世代,有 2～12 个较大的裂殖子。第三个无性世代有 4～24 个较小的裂殖子,感染 5～6 天,开始性成熟,在感染后 8～9 天又重复出现大小类似的第二个裂殖子,会继续发育为第二代裂殖子或进入配子生殖阶段。有性生殖阶段由产生 2 根鞭毛小配子的小配子体和单核的大配子体组成。小配子与大配子体结合成为合子,最后形成卵囊。

【临床症状】 潜伏期 4～5 天。病仔猪精神不振,食欲减退。消瘦、贫血。排出灰色或黄色水样稀便,并混有大量粘液,有时腹泻及便秘交替。病程 4～6 天。多因脱水而死亡,未死者生长发育受阻,成为僵猪。

【病理变化】 主要病变在肠道,可见肠水肿、充血。在小肠、空肠、回肠粘膜上有异物覆盖,肠粘膜上皮坏死、脱落。小肠绒毛萎缩。

【诊　断】 ①根据发病情况、临床症状及剖检肠道病变可初步确诊。采取病料送实验室检查病原体,最后确诊。②采取粪便或肠内容物进行镜检,如见大量球虫卵囊方可确诊。③对粪便采用饱和盐水漂浮法,检查卵囊,效果很好。

【防　治】

1. 预防 ①加强饲养管理,做好消毒工作。对猪舍及运动场的粪便及时清除,然后进行消毒,对粪便和垫草在远离猪舍处堆肥发酵处理,这是消灭卵囊的有效措施。②发病猪场,对怀孕母猪在产前和产后 15 天拌料喂给氨丙啉,可预防本病发生。

2. 治疗

(1)磺胺脒　每千克体重 20 毫克,口服,每天 1 次,连用5~7 天。

(2)氨丙啉　每千克体重 25~65 毫克,拌料喂服,连用3~5 天。此外,也可用常山酮、马杜拉霉素等治疗。

(二)小袋纤毛虫病

仔猪小袋纤毛虫病是由结肠小袋纤毛虫所引起的人、猪共患原虫病。本病的特征为腹泻,消瘦,结肠和直肠溃疡性肠炎病变。

【病原及生活史】 结肠小袋纤毛虫的发育中有滋养体和包囊两种形态。滋养体呈圆形,灰绿色。虫体内有一个肾形的大核及相邻的小核,虫体表面有纤毛,能运动。包囊呈圆形或椭圆形,直径 40～60 微米。囊壁较厚、透明,新形成的包囊能见到滋养体在囊内活动。包囊抵抗力较强,在常温下能存活 20 天。一般消毒药对其活力不起作用,但高温和阳光对其有杀灭力。病猪和带虫猪是主要传染源。健康猪吃了被包囊污染的饲料和饮水后,囊壁在肠内被消化,包囊内虫体转变为滋养体,进入大肠,以肠内的淀粉、肠壁细胞、细菌等为营养物质。通常在宿主的消化功能紊乱和肠粘膜损伤时,虫体进入组织内而引起溃疡。虫体经横二分裂法进行繁殖,部分滋养体变圆,其分泌物形成囊壁,包围虫体,即为包囊,随粪便排出体外,60～70 日龄的仔猪多发。在春季常发,呈地方性流行。饲养管理不善、卫生条件差可诱发本病。

【临床症状】 潜伏期 5～16 天。病仔猪精神不振。体温多正常,但有的升高。食欲减少或拒食。腹泻,粪便中混有粘液、血液或粘膜碎片,恶臭。病重的仔猪常引起死亡。

【病理变化】 在结肠和直肠上见有溃疡,尤其结肠更为严重。

【诊 断】 ①根据发病情况,临床症状及剖检病变,可初步确诊。但最好能在粪便中检查出滋养体或包囊,才能最后确诊。②可采用反复水洗沉淀法检查粪便,在急性发病期,能看到大量的滋养体,慢性期内见有大量包囊。③本病常与猪肺疫、仔猪副伤寒等传染病并发,应做好鉴别诊断。

【防 治】

1. 预防 ①加强饲养管理,搞好猪场的清洁卫生。对饲料和饮水加强管理,严防被猪、人的粪便污染。②猪舍及运动场粪便经常打扫,定期用 5%甲醛溶液进行消毒。发现病猪及时隔离和治疗。

2. 治疗 可用土霉素、金霉素、四环素、黄连素等治疗。

（三）弓形虫病

弓形虫病是由龚地弓形虫所引起的一种人畜共患的原虫病。本病的特征为3月龄的猪多发，发病突然，高热稽留，呼吸困难，皮肤上有紫红色瘀血斑。肺、肝、淋巴结等肿胀、出血、坏死。

【病原及生活史】 龚地弓形虫是本病的病原。猪为中间宿主，在体内有滋养体，体呈弓形，有一个核位于虫体偏钝圆的一端。包囊为月牙形，呈半圆形，囊壁很厚，囊内有几个虫体。中间宿主除猪外，还有其他哺乳动物、鸟类、爬虫类和人。猫为终末宿主，在其体内有裂殖体、配子体和卵囊。卵囊为椭圆形，内含一团卵囊质，2～4天形成孢子囊，在其内有4个孢子，具有感染性。当猫吃了弓形虫的感染性卵囊，或含有滋养体包囊后，侵入猫的肠上皮细胞内进行无性繁殖，分裂出大量裂殖子。然后一部分裂殖子变为配子体，进行有性繁殖的配子生殖，形成卵囊随粪便排出体外，经2～4天发育成感染性卵囊。猪和其他家畜及人，经口、呼吸道粘膜及皮肤感染了含有包囊或具有感染性卵囊，虫体经血液循环在宿主体内进行无性繁殖，而形成包囊型虫体。

【临床症状】 潜伏期3～7天。初期，体温达40℃～42℃，稽留。食欲减少或拒食。便秘，时有腹泻。咳嗽，流涕，呼吸困难，呈腹式呼吸。眼有浆液性或脓性分泌物。有时呕吐。四肢和全身肌肉僵直。耳和体躯下部见有瘀血斑。体表淋巴结肿大。病程10～15天。仔猪因病重而死亡。

【病理变化】 肺出血，有间质性水肿和肺炎的病变。仔猪见有灰红色实变区。肝表面点状出血，有灰白色或灰黄色坏死灶。心包和腹腔积水。胃底部出血性炎症。脾有出血斑。全身淋巴结肿大、充血、出血，切面上有灰黄色或灰红色坏死灶。盲肠和结肠有散在的黄豆大至榛子大的浅表性溃疡。

【诊　断】　①根据发病情况、临床症状及病理变化，可怀疑本病。但应对虫体进行检查，才能确诊。②在急性期，取肺、肝、淋巴结及腹水等进行涂片，姬姆萨染色，镜检，见到滋养体或包囊可确诊。③采取病料制成混悬液，加 10 倍生理盐水，静置 1 小时，取上清液 1 毫升，给小白鼠腹腔接种，几日后取小鼠腹水镜检，可见到弓形虫。④可采用间接血凝试验、补体结合试验、荧光抗体技术、酶联免疫吸附试验等检测本病，效果很好。

【防　治】

1. 预防　①加强饲养管理。在猪舍内严禁养猫，并且不允许猫进入猪舍。对猪舍、用具、饲料和饮水严加管理，防止猫的排泄物污染。饲养人员不要与猫接触。要消灭猪舍内的老鼠。②对猪舍地面及运动场经常打扫，清除的粪便要在远离猪舍处堆肥发酵处理，用 2% 火碱水或 10% 石灰水消毒地面和用具等。③对流产母猪的胎儿、胎衣要妥善处理，防止污染环境。也可用磺胺类药物拌料喂猪，可预防本病发生。

2. 治疗　①磺胺-5-甲氧嘧啶，每头猪肌内注射 2 毫升，每天 1 次，连用 4～6 天。②12% 复方磺胺甲氧吡嗪注射液，每千克体重 50～60 毫克，肌内注射，每天 1 次，连用 4 天。③乙胺嘧啶，每千克体重 6 毫克，加磺胺嘧啶每千克体重 70 毫克，每天口服 2 次，连用 3～5 天。

二.仔猪蠕虫病

(一)蛔虫病

仔猪蛔虫病是由于猪蛔虫寄生于仔猪的小肠内而引起的一种寄生虫病。本病的特征为消瘦,生长缓慢,咳嗽,腹痛,腹泻,黄疸。

【病原及生活史】 猪蛔虫为大型线虫,体长而圆,两端细,呈粉红色或黄白色。猪蛔虫的发育不需要中间宿主。雌雄虫在猪体内交配后雌虫产卵,随粪便排出体外,在适宜的条件下,如温度 20℃～30℃,湿度和氧充足的条件下,经过 10 天左右,卵细胞在卵内发育为具有感染性的幼虫。当猪吃了这种虫卵,在小肠消化液的作用下,卵破裂,逸出幼虫,穿过肠壁进入血管,通过门静脉到达肝脏。或进入肠系膜淋巴结,由腹腔进入肝脏,再经肝静脉进入心脏。再经肺动脉通过肺泡到达肺脏,穿过肺的毛细血管到达支气管、气管,随粘液再逆行到咽,经口腔、咽进入消化道,最后在小肠中发育为成虫,整个移行过程需 2～2.5 个月。在猪体内 7～10 个月后,随粪便排出体外,当健猪吃了被蛔虫卵污染的饲料和饮水而感染。本病对各品种、性别、年龄的猪均感染,以 3～6 月龄仔猪感染性强,发病严重。成年猪多为带虫者,为本病传染源。感染率达 50%,仔猪发育速度降低 30%,或发育停滞。

【临床症状】 3～6 月龄仔猪症状明显。初期,精神不振,食欲减退,轻微的湿咳。体温达 40℃左右。异食癖,营养不良。进一步发展,呼吸困难,心跳加快,消瘦,贫血。虫子侵入胆管时全身黄疸。有的病猪发育缓慢,或成为僵猪。病重的仔猪,呼吸急促,咳嗽声粗。幼虫损伤肠壁时,出现呕吐,腹泻,腹痛。口渴 、流涎。经 7～14 天,病轻的好转,病重的死亡。

【病理变化】 感染初期可见肺炎,肺内有大量蛔虫幼虫。后期,可见小肠粘膜有卡他性炎症,在肠内见有大量蛔虫,如蛔虫过多时,会将肠管堵塞。

【诊 断】 ①根据临床症状,如仔猪营养不良,发育缓慢,消瘦厌食,咳嗽等可怀疑本病。但最后确诊应检查成虫和虫卵。②剖检时,在肺、肝、小肠等处见到成虫或虫卵可以确诊。③采取粪便,直接涂片镜检,可见到蛔虫卵。如虫卵少时,可采用漂浮集卵法,使卵增多,再进行检查,效果明显。④2 月龄内的仔猪,因其体内无发育到性成熟的成虫,所以生前不能用粪检法来确诊。可用血清学方法来检测,如间接血凝试验、酶联免疫吸附试验、间接荧光试验等进行生前诊断,效果明显。

【防 治】

1. 预防 ①仔猪断奶后驱虫 1 次。每年春、秋两次对猪群进行预防性驱虫。②加强饲养管理,搞好舍内及运动场的清洁卫生。对舍内及运动场的粪便每天都要清除干净,堆积发酵处理。对猪舍地面和运动场,清除粪便后定期进行消毒。可用 60℃ 以上的 3%～5%热碱水、20%～30%热草木灰水消毒,杀灭蛔虫卵。③猪供给全价饲料,尤其是维生素和矿物质应供应充足。对饲料和饮水要加强管理,严禁被带虫猪或病猪粪便污染。哺乳母猪的乳房要经常擦洗消毒,防止仔猪感染本病。

2. 治疗 ①盐酸左旋咪唑注射液,每千克体重 5～10 毫克,肌内或皮下注射。也可用片剂拌料口服。②丙硫咪唑(抗蠕敏),每千克体重 5～20 毫克,1 次喂服。③噻咪唑(驱虫净),每千克体重 15～20 毫克,拌料 1 次喂服。④石榴皮、使君子各 15 克,乌梅 3 个,槟榔 13 克,煎汤,给 25 千克体重仔猪空腹灌服。

(二)类圆线虫病

仔猪类圆线虫病是由蓝氏类圆线虫引起的一种寄生虫病。本病的特征为腹泻,粪便带血和粘液,小肠粘膜糜烂、溃疡。

【病原及生活史】 蓝氏类圆线虫雌虫寄生于小肠粘膜下。虫体呈乳白色,体积细小,似头发状。在小肠内进行孤雌生殖,含有幼虫的虫卵随粪便排出体外,经 12～18 小时孵化出杆状幼虫。在外界遇到适宜条件,杆状型幼虫发育为自由生活的成虫,雌虫和雄虫交配产卵,孵出杆状幼虫,发育为具有感染性的丝虫型幼虫。该虫通过仔猪的皮肤进入体内,经血液循环到肺,再随气管的粘液到达咽部,最后到达小肠发育为孤雌生殖的雌性成虫。该虫自由生活的世代发育可继续多次。本病主要感染 1～3 月龄的仔猪。10 日龄哺乳仔猪,感染严重。仔猪的感染率达 70%,病死率达 50%。

【临床症状】 由于大量虫体寄生于小肠,可见病猪食欲减退,消瘦,贫血,腹泻,粪便带有血液和粘液。当幼虫到达肺脏时,会出现呼吸困难,体温升高。如幼虫穿透皮肤时,在皮肤上见有湿疹。最后多因猪体衰竭而死亡。如果仔猪体内虫体数量少,通常不显症状。

【病理变化】 可见支气管炎、肺炎、胸膜炎。肠粘膜,尤其是小肠粘膜充血、出血,并有糜烂性溃疡。在肠道内见有细小的寄生雌虫。

【诊　断】 ①见有消化不良、消瘦、贫血、生长发育缓慢的仔猪,可采取粪便通过饱和盐水漂浮法检查虫卵,如为阳性即可确诊。②对病死仔猪进行剖检,刮取小肠粘膜压片,或置于温水中孵育后镜检,能见到大量雌虫。

【防　治】

1. 预防　①加强饲养管理,搞好环境卫生。对猪舍和运动场及时清除粪便,堆积发酵处理。清扫后,对地面要用2%苛性钠、石灰乳或石炭酸进行消毒。保持猪舍及场地干燥。②对怀孕母猪和仔猪经常观察,粪便要不定期检查,发现病猪应立即隔离治疗,病健猪分群饲养。

2. 治疗　①阿佛菌素(灭虫丁),每千克体重 0.3 毫克,皮下注射。②伊维菌素,每千克体重 0.2～0.3 毫克,皮下注射。③驱虫净(四咪唑),每千克体重 7.5 毫克,拌料喂服。④左旋咪唑,每千克体重 10 毫克,溶于水中灌服,或拌料喂服。

(三)胃圆线虫病

仔猪胃圆线虫病是由红色猪胃圆线虫等引起仔猪的一种寄生虫病。本病的特征为慢性卡他性胃炎,溃疡,消瘦,贫血,排出带血的黑色粪便。

【病原及生活史】　猪胃圆线虫有红色猪胃圆线虫、螺咽胃虫、环咽胃虫、奇异西蒙线虫、刚棘颚口线虫。红色猪胃圆线虫在胃粘膜寄生。虫体纤细,呈红色。雌虫长 4～7 毫米,阴门在肛门稍前;雄虫长 4～7 毫米,交合伞侧叶大,背叶小。虫卵长椭圆形,灰白色,卵壳薄,含8～16 个卵细胞。成虫产的卵随粪便排出体外,发育为感染性幼虫。猪经口感染后幼虫到达胃内,侵入胃腺窝生长发育,约 15 天返回胃内变为成虫。螺咽胃虫、环咽胃虫、奇异西蒙线虫,均需粪甲虫作为中间宿主,虫卵被粪甲虫吞食后,在体内发育为感染性幼虫,猪吃了甲虫后而被感染。刚棘颚口线虫卵随粪便排出体外,在水中发育为带幼虫的虫卵,并有少数幼虫逸出,虫卵或幼虫被剑水蚤吞食,发育成感染性幼虫,当猪吃了带有幼虫或卵的剑水蚤的水生植物或饮水而被感染。本病主要感染仔猪和架子猪。我国南方一些地方,如广东、浙江、湖南、湖北、四川等地均存在本病,受污染的潮湿牧地、饮水处、运动场和猪舍易发生感染。

【临床症状】 虫体数量少的则症状轻而引起慢性卡他性胃炎。病重的猪只食欲减退,日渐消瘦,体重下降,贫血,精神不振,体温稍高,口渴,腹痛,排出带血的黑色粪便。有的会引起死亡。

【病理变化】 可见胃粘膜肥厚,有皱褶,被粘液覆盖,粘膜皱褶出血和糜烂。胃底部有溃疡,严重的会引起胃穿孔和腹膜炎。在胃壁见有附着的虫体。

【诊 断】 ①用饱和盐水浮集法检查粪便中虫卵,可见椭圆形、内含 10 多个卵细胞的虫卵。②剖检病死猪,在胃内壁可见附着的虫体。

【防 治】

1. 预防 ①加强饲养管理,供给全价饲料。对猪舍及运动场的粪便要经常清除,堆肥发酵处理。②对舍内地面及运动场定期进行消毒。③饲料和饮水严加管理,防止被粪便污染。④每年对猪群进行预防性驱虫。

2. 治疗 ①左咪唑,每千克体重 10 毫克,口服。②噻苯咪唑,每千克体重 50～100 毫克,口服。③伊维菌素,每千克体重 0.3 毫克,皮下注射。丙硫苯咪唑,每千克体重 5～10 毫克,口服。

（四）食道口线虫病

仔猪食道口线虫病也叫猪结节虫病。是由食道口线虫引起仔猪的一种寄生虫病。本病的特征为腹泻、腹痛，消瘦，贫血，大肠壁上有大量结节。

【病原及生活史】 本病的病原为有齿食道口线虫、长尾食道口线虫和短尾食道口线虫。成虫长约15毫米，呈乳白色，为雌雄异体的小型线虫。虫卵为椭圆形，卵壳薄，含有卵细胞。病猪肠道内雌虫产的卵随粪便排出体外，在适宜的条件下，经7～8天，孵育出感染性幼虫。当猪吃了被幼虫污染的饲料、饮水或粪土，幼虫进入猪的大肠中。有齿食道口线虫的幼虫进入肠壁发育，形成结节之后重新返回肠腔，发育为成虫。其他两种在肠道内发育为成虫。从幼虫侵入猪体到成虫卵排出，需50～53天。上述3种食道口线虫中，有齿食道口线虫危害性最大。仔猪较成年猪发病严重，并有死亡。本病在春、秋季节感染率最高。一般在放牧时，尤其在清晨、雨后和雾天易遭受感染。猪食入感染性幼虫污染的青草、饮水而感染。如果猪舍潮湿也容易感染。

【临床症状】 病猪表现为急性、顽固性腹泻，粪便呈绿色，带有粘液或血液。腹痛，贫血，弓背，体温升高。食欲减退，明显消瘦，发育严重受阻。如有细菌继发感染时，会出现化脓性结节性大肠炎。如转为慢性时，间歇性腹泻，消瘦，体弱。

【病理变化】 在大肠粘膜上有数量不一的结节，直径为2～10毫米，含有淡绿色脓汁，在其周围见有炎症，突出于粘膜表面。有病变的肠壁增厚、充血，并附有褐色假膜。结肠中部水肿。肠系膜肿胀。肠粘膜上见有溃疡。局部淋巴结肿大。

【诊　断】 ①采取粪便，用饱和盐水浮集法检查虫卵。

虫卵为椭圆形,内有 10 多个卵细胞。②对病死猪剖检,在大肠肠壁上见有许多灰白色点状结节和肠道内有大量虫体,可以确诊。③食道口线虫虫卵与红色猪胃圆线虫虫卵易混淆。应采取粪便幼虫培养法培育第三期幼虫进行鉴别。食道口线虫的幼虫短而粗,尾鞘长,呈细丝状;红色猪胃圆线虫幼虫长而细,尾鞘短。

【防　治】

1. 预防　①加强饲养管理,搞好环境卫生及消毒工作。对猪舍及运动场、地面的粪便要经常打扫,堆肥发酵处理,对地面定期进行消毒。②对怀孕母猪进行驱虫,以防止仔猪感染。对饲料和饮水要始终保持清洁,防止粪便污染。

2. 治疗　①伊维菌素,每千克体重 0.3 毫克,皮下注射。丙硫咪唑,每千克体重 15～20 毫克,口服。②左旋咪唑,每千克体重 8 毫克,1 次口服,隔 1～2 天再用 1 次。

（五）肾 虫 病

仔猪肾虫病也叫猪冠尾线虫病。是由齿状冠尾线虫引起仔猪的一种寄生虫病。本病的特征为仔猪生长发育迟缓。

【病原及生活史】　猪肾虫寄生于肾盂、肾周围脂肪囊和输尿管壁形成的包囊中。有的在肝和胸腔脏器中也能见到。该虫虫体粗壮如火柴杆,体壁透明,为灰褐色或红褐色。雄虫长 20～30 毫米,雌虫长 30～50 毫米。虫卵较大,为长椭圆形,卵壳薄,呈灰褐色,卵内有几十个卵细胞。雌虫产的卵随尿排出体外,在适宜的条件下,经 24～48 小时孵出第一期幼虫,再过 24 小时蜕皮后成为第二期幼虫,再经 34～36 小时二次蜕皮为第三期具有感染力的幼虫。经口感染的幼虫,进入胃壁,72 小时后蜕皮为第四期幼虫,然后从胃壁移入肠内,进入肠壁血管,经血流到肝脏,再移入肾脏。经皮肤感染的幼虫进入肌肉,72 小时后蜕皮变为第四期幼虫,进入血管随血流到肺,经血液循环到肝,3 个月后蜕皮,再穿过肝包膜进入腹腔,再移入肾脏,在包囊内发育为成虫。从幼虫进入猪体发育为成虫需128～278 天。猪吃了被病猪尿污染的饲料和饮水,感染性幼虫经消化道而感染。健康猪卧地接触被尿污染的墙角、地面经皮肤而感染。本病在潮湿的季节多发。常呈地方性流行。

【临床症状】 病猪精神沉郁,食欲缺乏,被毛粗乱,行动迟缓,消瘦,贫血。严重时后躯麻痹、僵硬,走路摇摆,不能站立。经皮肤感染时,皮肤出现丘疹和红色小结节,体表淋巴结肿大。泌尿道感染时,尿检可见尿中有白色粘稠絮状物。仔猪发育停滞,母猪不孕或流产,公猪腰瘘,不能配种。

【病理变化】 肾盂脓肿,肝中有包囊和脓肿。输尿管壁增厚,有较多的包囊,可见有幼虫和成虫。

【诊　断】 ①取清晨第一次尿液,经 20～30 分钟沉淀后,吸取沉淀物涂片镜检,可见灰白色、长椭圆形、两端钝圆的虫卵,即可确诊。②取清晨第一次尿液,放于清洁的平皿中,再将平皿放于黑色的背景(如黑纸)上,2～3 分钟后观察平皿底,可见虫卵的判为阳性。5 月龄以上的猪可用此法检查虫卵。5 月龄以下的仔猪,剖检时只在肝、肺发现虫体才能确诊。

【防　治】

1. 预防 ①加强饲养管理,供给全价饲料,提高猪的抵抗力。②对猪群进行调教,到指定地点排尿,以减少猪舍的污染。③定期消灭环境中的病原体,对于用水泥或石板制成的地面,可用开水冲烫消毒。对于铁制工具可用火焰消毒。④从场外引进猪只时,一定要隔离、检疫,确认无病后才可入群。⑤在冬季培育无肾虫猪,逐步建立康复猪场。在发病季节出生的仔猪,断奶后治疗1次,移入安全场地。

2.治疗 ①左旋咪唑,每千克体重5～7毫克,肌内注射,2～3周后再用1次。②噻苯唑,每千克体重10～40毫克,拌料喂服。③海群生(乙胺嗪),每千克体重30毫克,口服,每天3次,3天为一疗程。④驱虫净(四咪唑)每千克体重20～25毫克,拌料喂服,每天1次,连用2天。

(六)肺丝虫病

仔猪肺丝虫病也叫后圆线虫病。是由长刺后圆线虫、短阴后圆线虫、莎氏后圆线虫所引起仔猪的一种寄生虫病。本病主要危害仔猪,引起支气管肺炎。

【病原及生活史】 虫体的形态呈丝状,为乳白色或黄白色。雄虫较雌虫短小。虫卵呈短椭圆形,灰白色,卵壳较厚,表面凹凸不平,卵内含有幼虫。蚯蚓是中间宿主。雌虫在猪支气管内产卵,由于气管的纤毛运动和咳嗽,使虫卵随粘液进入口腔,咽下进消化道,然后随粪便排出体外。当蚯蚓吞食虫卵后,经10～20天发育成感染性的幼虫。猪吃了蚯蚓后幼虫逸出,由肠壁进入肠系膜淋巴结或小血管中发育,经血液循环移行到肺,最后到支气管,经25～35天发育为成虫。本病多在温暖潮湿季节,蚯蚓活动频繁,尤其雨后蚯蚓爬出地面,猪吃了带虫的蚯蚓而感染。放牧的猪群比舍饲猪群多发,仔猪比成年猪有较高的易感性。

【病理变化】 支气管炎。肺尖叶和膈叶腹面边缘有局限性气肿,呈灰白色,微突起,肉样硬变病灶。切开支气管,见到白色的虫体和粘稠的分泌物。

【诊 断】 ①根据临床症状和病理变化,尤其是从病变肺支气管内检出白色虫体,可以确诊。②取新鲜猪粪2克,放于 30 毫升饱和硫酸镁溶液中搅匀,过滤,离心,用铂金耳取表面液体 1～2 铂耳,涂片镜检,可见到椭圆形、黄色、厚壳的卵。③取病猪气管粘液加入 30 倍的 0.9%氢氧化钠溶液搅匀,再加 3%醋酸溶液中和,pH 值调至中性或微碱性,间歇消毒后为备用抗原。试验时取抗原 0.2 毫升,注射于猪的耳背面皮内,5～15 分钟,注射部位肿胀超过 1 厘米者为阳性。④本病应与猪气喘病、支气管炎及蛔虫病相鉴别。

【防 治】

1. 预防 ①加强饲养管理,最好圈养。尤其将仔猪放在水泥地面圈舍饲养,可预防本病发生。②每年春、秋两季进行预防性驱虫。驱虫时最好连续服药 2 次。在农村土圈舍内应消灭蚯蚓。猪群不要到低洼潮湿地区放牧,尤其雨后更应注意。

2. 治疗 ①氰乙酰肼,每千克体重 17.5 毫克,口服。也可用 10%溶液每千克体重 15 毫克,皮下注射。②伊维菌素,每千克体重 0.3 毫克,皮下注射。③海群生,每千克体重 0.1～0.2 克,配成 30%的溶液皮下注射。也可每千克体重 0.1～0.3 克口服,隔 3～5 天喂 1 次,连用 2～3 次。

(七)毛首线虫病

仔猪毛首线虫病也叫仔猪鞭虫病。是由于猪毛首线虫寄生于仔猪的盲肠和结肠粘膜所引起的一种线虫病。本病的特征为消瘦、贫血、腹泻、生长发育受阻。

【病原及生活史】 本病的病原为毛首线虫。虫体乳白色,前部细长呈毛发状(故称毛首线虫)为食道部,后部短粗为体部,虫体外形似鞭子故称鞭虫。雄虫长 20～52 毫米,尾端卷曲,交合刺藏在有刺的交合刺鞘内。雌虫长 39～53 毫米,尾端直,阴门位于虫体粗细部交界处。虫卵呈腰鼓状或橄榄状,两端有塞状构造,黄褐色。卵壳厚而光滑,内含未发育的卵细胞。抵抗力强,在自然状态下能生存 5 年以上。雌虫产的卵随粪便排出体外,在适宜的条件下发育成具有感染力的虫卵,污染饲料和饮水,被健康猪吃后,经 41～51 天发育为成虫,寄生于盲肠和结肠粘膜深部。2～6 月龄的猪易感性最强,4～6 月龄的猪感染率最高达 85%,而 14 月龄的猪很少发病。本病一年四季均可感染,以夏季感染率最高。放牧猪易感,并且多与蛔虫混合感染。

【临床症状】 轻微感染一般不显临床症状。感染严重的仔猪,表现消瘦,生长缓慢,贫血,腹泻,粪便中带有血液和粘液。喜卧地,最后因衰竭而死亡。

【病理变化】 大肠见有粘膜坏死,水肿、出血,在盲肠和结肠能看到大量虫体。在虫体寄生部位的周围有粘液和溃疡,并附有肉芽肿样结节。

【诊　断】 ①根据仔猪的临床症状消瘦、贫血、腹泻、生长发育缓慢或停滞,可怀疑为本病。②取粪便用饱和盐水浮集法检查虫卵。在盲肠和结肠中能看到虫体,可以确诊。

【防　治】

1. 预防 ①每年春、秋两季对猪群各驱虫 1 次,对断奶后 6 月龄的仔猪驱虫 1～3 次。怀孕母猪在产前 3 个月进行驱虫。②对饲料和饮水要严加管理,防止粪便污染。对猪舍及运动场内的粪便,每天要清除干净,放于离舍远处堆肥发酵处理。③对于仔猪要加强饲养管理,供给全价饲料,尤其是维生素和微量元素供应充足,以增强其抵抗力。对于仔猪一定要单养,不要与成年猪混群饲养。

2. 治疗 ①伊维菌素,每千克体重 0.3 毫克,皮下注射。

②丙硫咪唑,每千克体重 10 毫克,拌料喂服。③左咪唑,每千克体重 4～6 毫克,肌内注射。或每千克体重 8 毫克,口服。

(八)姜片吸虫病

仔猪姜片吸虫病是由姜片吸虫所引起仔猪的一种寄生虫病。本病的特征为贫血,腹泻,腹痛,生长缓慢。

【病原及生活史】 姜片吸虫成虫呈肉红色,虫体肥厚宽大,如生姜片,故称姜片吸虫。体表有小刺,在虫体前端有口吸盘、在其后方有腹吸盘,较大。卵为椭圆形,淡黄褐色,有卵盖,内含 1 个卵细胞。成虫寄生于猪和人的小肠内,虫卵随粪便排出体外,在适宜的条件下,经 2～4 周孵出毛蚴,在水中游动,遇到扁卷螺后侵入体内,发育为胞蚴、母雷蚴及子雷蚴,最后发育为尾蚴,逸出螺体,附着于水浮莲、水葫芦等水生植物上形成囊蚴。当猪生吃了这些植物被感染。囊蚴在猪小肠内经 2～3 个月发育为成虫,在猪体内寄生 9～13 个月。本病多发生于猪和人,分布较广,呈地方性流行。

【临床症状】 本病主要感染幼猪。病重的幼猪表现精神沉郁,食欲减退,消化不良。眼结膜苍白,流涎。被毛干燥,无光泽。贫血,消瘦。腹泻,腹痛,粪便带有粘液。眼睑、腹部水肿。有的病例肠道虫体堵塞而死亡。幼猪发育受阻,增重缓慢。

【病理变化】 剖检时可见姜片吸虫附着在十二指肠和空肠上段粘膜上,肠粘膜发炎,水肿,有点状出血和溃疡。还能见到虫体,大量寄生时,会使肠管阻塞。

【诊　断】 ①采取粪便直接涂片镜检,也可用浓缩集卵法检查出虫卵,可以确诊。②对于病死猪剖检,在小肠可见虫体,便可确诊。

【防　治】

1. 预防　①对猪舍及运动场的粪便要及时清除,堆肥发酵处理。种植水生植物的池塘,一定用发酵处理过的粪肥,千万不能用新鲜粪便施肥。②对于有扁卷螺孳生的池塘等,可用 0.02%硫酸铜溶液,或用 0.1%石灰水灭螺。③由于水生植物附有囊蚴,容易造成猪的感染,所以,用水生植物喂猪时,千万不能生喂,必须煮熟或做成发酵饲料再喂,可避免本病的发生。④对于放牧的猪只,一定不要在有中间宿主孳生的水源处放牧。

2. 治疗　①硫双二氯酚,50～100 千克的猪,每千克体重 50～100 毫克;100 千克以上的猪,每千克体重 50～60 毫克。混于少量精料中喂服。如有腹泻,1～2 天可自行恢复。②吡喹酮,每千克体重 30 毫克,拌料 1 次喂服。③硝硫氰胺,每千克体重 3～6 毫克,拌料 1 次喂服。

(九)绦 虫 病

仔猪绦虫病是由克氏假裸头绦虫所引起仔猪的一种寄生虫病。本病主要对仔猪危害性大,消瘦,生长发育缓慢。

【病原及生活史】　克氏假裸头绦虫,在猪的小肠寄生,也可寄生于人体。虫体扁平带状,呈乳白色,长 100～150 厘米,由 2 000 左右个节片组成,节片宽大于长,最宽的为 1 厘米。食粪性甲虫褐浮金龟为绦虫的中间宿主,广泛存在于土制猪圈及畜禽粪堆中。也有人证明,粮食害虫赤拟谷盗也可成为该虫中间宿主。本病对幼猪危害严重。

【临床症状】　病猪精神不振,食欲减少。猪毛蓬松,发焦。仔猪生长发育缓慢。病情严重的猪,厌食,阵发性腹痛,腹泻,呕吐,因绦虫多而造成肠梗阻。长期消瘦,发育迟缓,成为僵猪。

【病理变化】 剖检病死猪,在小肠内见有绦虫虫体。肠粘膜出血,水肿,为卡他性炎症。严重病猪肠管被虫体阻塞而变薄,肠粘膜有条纹状出血斑,胆囊肿大,胆汁变稀。

【诊 断】 ①生前诊断,应采取粪便,如见孕节或虫卵即可确诊。虫卵为棕色,圆形,大小为82～82.5微米×72～76微米,内含六钩蚴。②对病死猪剖检,在小肠内能看到绦虫虫体。也可用水洗沉淀法检出虫卵,可最后确诊。

【防 治】

1.预防 ①对于猪舍地面和运动场上的粪便每天要经常打扫,定期消毒,堆肥发酵处理,以杀死绦虫卵。②加强饲养管理,供给全价饲料,提高猪的抗病力。

2.治疗 ①硝硫氰醚,每千克体重20～40毫克,1次口服。吡喹酮,每千克体重20～40毫克,1次口服。②硫双二氯酚,每千克体重80～100毫克,拌料喂服。

(十)细颈囊尾蚴病

仔猪细颈囊尾蚴病也叫细颈囊虫病。是由寄生于狗小肠内的泡状带绦虫的幼虫——细颈囊尾蚴而引起的一种寄生虫病。本病的特征为消瘦,黄疸,突然死亡,体温升高,有腹水。

【病原及生活史】 细颈囊尾蚴俗称水铃铛。呈囊泡状,囊壁为乳白色,内含透明的液体,囊体大小不一,囊壁上见有不透明的乳白色结节。由于此虫有一个细长的颈部,故称细颈囊尾蚴。带虫的犬等为本病的传染源。泡状带绦虫的孕节随粪便排出体外,孕节和虫卵污染了饲料和饮水,被猪食后,虫卵在消化道内孵出六钩蚴,然后进入肠壁血管,随血流到肝脏内,通过肝表面而进入腹腔发育。成熟的细颈囊尾蚴寄生于肠系膜、网膜、肝的浆膜上，也有的进入腹腔的其他部分和胸腔。仔猪比成年猪易感性强，危害严重。

【临床症状】 病仔猪有时突然大叫倒地死亡。多数的病猪表现消瘦，体弱，黄疸。如果患有急性腹膜炎时，高热，有腹水，压迫腹部时有痛感。虫体感染肺部，常常引起支气管炎、肺炎、胸膜炎。

【病理变化】 在肝脏、肠系膜、网膜等处见有水铃铛，即细颈囊尾蚴。肝脏体积增大，表面粗糙，并见有散在的出血点。肝实质内见有虫体移行时的孔道。初期虫道内充满血液，以后变为灰黄色。有的病例见有腹膜炎和腹水。严重的病例，在肺和胸腔内见有虫体。

【诊　断】 ①本病生前诊断困难，只有根据剖检，见到虫体才能确诊。②剖检时，可见肠系膜、网膜、肝脏有水铃铛，腹膜发炎，腹水中检出虫体，可以最后确诊。

【防　治】

1. 预防 ①对犬严加管理，不许进入猪舍。严防犬粪污染饲料和饮水。②病死猪的内脏不许乱丢，要妥善处理，最好深埋。③农家的散养犬，每年可用氢溴酸槟榔碱每千克体重1～2毫克口服驱虫，对其粪便、垫草、虫体等应集中烧毁处理。④对于被粪便污染的环境，要进行彻底消毒，以预防本病发生。

2. 治疗 ①槟榔6～12克，水煎取汁，每头猪1次灌服。②吡喹酮，幼猪每千克体重80毫克，成年猪每千克体重100毫克，拌入稀饭中1次空腹喂服。

三.仔猪皮肤寄生虫病

(一)疥螨病

仔猪疥螨病俗称猪癞,或称疥疮。是由疥螨所引起仔猪的一种接触性慢性皮肤寄生虫病。本病的特征是皮肤瘙痒,脱毛,皮肤粗糙,发炎。

【病原及生活史】 疥螨在猪的皮肤挖掘隧道寄生、发育和繁殖,并以吸食皮肤组织和渗出的淋巴液为生。其发育过程包括卵、幼虫、若虫和成虫4个阶段,均在猪的皮肤内完成。在隧道内,雄虫与雌虫交配后,雄虫死亡,雌虫不断挖掘隧道,产卵,每日产卵1~2个,一生可产40~50个。虫卵为椭圆形。虫卵孵化出幼虫,幼虫蜕皮变为若虫,若虫经3~5天蜕变为成虫。从卵到成虫需8~22天。成虫是椭圆形,呈淡黄色。雌虫长0.33~0.5毫米,雄虫长0.22~0.33毫米,成虫体型很小,肉眼看不见。疥螨离开猪体,只能存活2~3周。疥螨在寒冷潮湿的环境下生命力强,在温暖阳光下抵抗力差。病猪是本病的传染源。健康猪与病猪直接接触,或者健康猪接触了被污染的饲具,以及猪舍卫生条件差(如潮湿),猪只拥挤等均可诱发本病。5月龄以下的幼猪多发。

【临床症状】 疥螨多在猪的耳、眼睑、颊、耳根、背及体侧的皮肤内寄生。病猪皮肤剧烈瘙痒,常因擦痒而造成皮肤破损,淋巴液渗出。病变部脱毛,结痂,皮肤肥厚,出现皱褶和龟裂。同时病猪精神不振,食欲减退,弓背,消瘦,生长停滞。幼猪因皮肤嫩而使病情加重,最后全身衰竭,如有其他疾病感染易引起死亡。不死者也变为僵猪。

【诊　断】　①根据临床症状,尤其皮肤剧痒、增厚、皱褶和龟裂,可初步确诊。为进一步确诊,应当进行虫体检查。②在病猪皮肤患部与健部的交界处,用手术刀刮取痂皮,直到稍出血为止。将刮取物放于试管内,再加入10%苛性钠溶液,煮沸,待固体物溶解后,沉淀20分钟,由管底吸取沉渣,滴在载玻片上,用低倍镜检查,如发现疥螨的幼虫、若虫、虫卵,可以确诊。③可用杀螨药进行治疗性诊断,如果痊愈,证明为本病。

【防　治】

1. 预防　①加强饲养管理,搞好猪舍卫生工作是预防本病的关键。对猪舍及运动场的粪便要经常清除。猪舍内要保持清洁干燥,通风良好。②对猪群每日要细心观察,发现剧痒的病猪,要及时确诊,隔离治疗。③被病猪污染的圈舍和用具,要用杀螨药剂彻底消毒。对猪舍地面、墙壁,经常用20%生石灰水涂刷。

2. 治疗　①伊维菌素,每千克体重0.3毫克,颈部皮下注射。②阿佛菌素,含量为0.2%,每千克体重0.15~0.23克,混入湿料中一次喂服(喂前要停食1顿)。③取烟叶末或烟梗1份,加水20份,煮沸1小时过滤后取滤液涂擦患部。

(二)虱　病

仔猪虱病是由于猪虱在仔猪体表寄生所引起的一种体表寄生虫病。本病的特征为,可见猪虱,皮肤发痒。

【病原及生活史】　猪血虱呈黄色,个体很大。寄生于猪的体表,以吸取猪血为生。雌雄虱交配后,雌虱将卵产于猪毛上,经12~15天孵出幼虫。幼虫吸取猪血,5天左右蜕皮1次变成若虫,经过3次蜕皮,变为成虫。自卵变为成虫需30~40

天。每年繁殖 6～15 代。雌虱产卵期为 2～3 周,每年共产卵 50～80 个,产卵结束后死亡。雄虱交配后死亡。本病一年四季均可发生。病猪是主要传染源。通过直接接触传染。如果舍内拥挤,潮湿,管理不善,通过污染的垫草等间接感染。健康猪感染后,猪血虱主要在耳根、颈部及后肢内侧寄生。本病 2～4 月龄的仔猪多发。

【临床症状】 病猪主要表现皮肤发痒,不安,常常到处摩擦皮肤。可见被毛脱落,皮肤擦伤,食欲减退,营养不良,消瘦。

【诊 断】 根据临床症状,发痒,不安,摩擦皮肤,被毛脱落,消瘦,仔细观察找到虫体,即可确诊。

【防 治】

1. 预防 ①加强饲养管理,搞好舍内卫生。对场地工具、工作服及靴鞋等,进行全面消毒。猪舍要保持干燥,通风良好,养猪密度要适中。②经常观察猪群,发现病猪及时治疗。由于药物对虫卵没有杀灭作用,所以,必须治疗 2～3 次,每次间隔 5 天,才能杀死新孵出的幼虱。

2. 治疗 ①常用药物有伊维菌素、阿维菌素、螨净、5％碘酊、5％溴氰菊酯(倍特)、废机油、柴油等。②如果猪少,天气寒冷可采取涂擦药物治疗。如果猪多,在温暖季节,有条件的可进行药浴。在农村发现病猪后可用废机油、柴油、花生油或猪油等涂擦病猪皮肤患部,方法简便,适用。③伊维菌素每千克体重 0.3 毫克,猪皮下注射,每月 3 次。对环境进行喷洒药物灭虱,可消灭本病。

第四章 仔猪代谢病的防治

一、仔猪维生素缺乏症

（一）维生素 A 缺乏症

仔猪维生素 A 缺乏症也叫仔猪舞蹈症或夜盲症。是由于维生素 A 缺乏所引起仔猪的一种代谢病。本病的特征为视觉障碍和器官粘膜损伤，生长发育不良。

【病　因】　动物性饲料含有维生素 A。植物性饲料含有胡萝卜素。胡萝卜素被吸收进入动物体后，在肝和小肠内经过酶的作用，可转化成维生素 A。①长期饲喂胡萝卜和维生素 A 缺乏的饲料，如糠麸、甜菜渣、棉籽饼、亚麻籽饼等，在无青饲料和未添加维生素 A 的条件下，易发生本病。②饲料中的胡萝卜素不稳定，加工不当，贮存过久，氧化，发霉，日光暴晒，雨淋等，可使其遭到破坏，损失达 70%～80%。③饲料中磷酸盐、硝酸盐、亚硝酸盐含量过高，中性脂肪和蛋白质含量不足，在体内也会影响维生素 A 的转化和吸收。④慢性消化道疾病和肝胆病、传染病等，会使维生素 A 和胡萝卜素的吸收、贮存和转化受到严重影响而引起本病的发生。⑤由于仔猪生长过快，母猪泌乳量增加而使维生素 A 需要量增加，造成维生素 A 不足或缺乏。⑥哺乳仔猪维生素 A 缺乏与母乳的质量有关。如母猪体内缺乏维生素 A，乳中必然缺乏维生素 A，从而引起仔猪的发生本病。本病常见于仔猪，在冬末春初缺少青绿饲料时多发。

【临床症状】 仔猪的典型症状为皮肤粗糙,皮屑增多。咳嗽,腹泻,生长发育缓慢。病重的仔猪表现运动失调,步态摇摆,最后瘫痪,发出尖叫声。出现神经症状,如抽搐、角弓反张等。明显的特征是出现夜盲症。

【防　治】

1.预防 ①加强饲养管理,供给全价配合饲料,以保证维生素 A 的需要量。②饲草、饲料要注意保管,防止霉变、暴晒和贮存时间过长,以防胡萝卜素损失过大。③维生素 A 3 000～6 000 单位,50～60 天供给 1 次,可预防本病发生。④注意防治肝病及慢性消化道病,以免影响维生素 A 的吸收和利用。⑤由于仔猪的维生素 A 缺乏与母猪乳质有关,所以,只要供给母猪充足的维生素 A,即可满足仔猪的维生素 A 需要。如仔猪生长过快,可增加胡萝卜素和维生素 A 的添加量。⑥饲料中磷酸盐、硝酸盐和亚硝酸盐的含量不应过高,中性脂肪和蛋白质供应充足,可保证维生素 A 在猪体内的转化和吸收。⑦在青饲料旺盛期,应贮存一部分,保证冬春季供应。搞好猪舍的环境卫生,保持干燥,透光。

2.治疗 ①精制鱼肝油 5～10 毫升,分点肌内注射,或维生素 A 注射液 2 万～5 万单位,肌内注射。②断奶仔猪,用鱼肝油 10～15 毫升,每天拌料中喂服。哺乳仔猪,可灌服鱼肝油2～5 毫升,每天 2 次。但不能长期使用,过量会引起维生素 A 中毒。

(二)B 族维生素缺乏症

仔猪 B 族维生素缺乏症是由于体内缺乏 B 族维生素而引起的多种疾病的总称。

【病　因】　B族维生素在饲料中分布很广,其中含B族维生素最多的有青绿饲料、米糠、麸皮、酵母及发芽的种子等,但玉米中缺乏烟酸。B族维生素的特点是,在水中容易丧失,在体内几乎不能贮存。因此,短期缺乏或不足,就能降低体内一些酶的活性,造成代谢紊乱而引起本病的发生。

【临床症状】

1. 维生素 B_1(硫胺素)缺乏症　病猪食欲减退,生长不良,呕吐、腹泻、皮肤粘膜发绀,呼吸困难,突然死亡。

2. 维生素 B_2(核黄素)缺乏症　病猪消化紊乱,生长缓慢,呕吐。皮肤干燥变薄,见有红斑疹和鳞屑性皮炎,脱毛,溃疡,脓肿。眼有白内障。

3. 维生素 B_3(泛酸)缺乏症　病猪食欲减少,生长发育缓慢,脱毛,咳嗽,腹泻。运动失调。剖检,结肠水肿、充血和发炎。

4. 维生素 B_5(烟酸)缺乏症　病猪无食欲,消瘦,腹泻。皮肤发炎,贫血,神经功能紊乱。剖检见结肠、盲肠壁增厚,变脆,呈果冻状。肠系膜淋巴结水肿。

5. 维生素 B_6(吡哆素)缺乏症　病猪生长不良,腹泻,贫血,运动失调,抽搐,肝脂肪浸润。在抽搐之前常呈激动和神经质。

6. 维生素 B_7(生物素)缺乏症　病猪口腔粘膜发炎,皮肤脱毛、溃疡,后肢痉挛,蹄横向裂开,出血。

7. 维生素 B_{11}(叶酸)缺乏症　病猪发育不好,体弱,腹泻,贫血。但此病发生较少。

【防　治】

1. 预防　①B族维生素来源很广,在青绿饲料、酵母、麸皮、米糠及发芽的种子中含量最高,因此,多喂一些这类饲料可预防本病发生。②有些饲料含B族维生素少,如玉米中缺乏烟酸。因此,在用玉米饲料时应适当加些烟酸制剂,以补充烟酸的不足。③预防 B 族维生素缺乏症,最主要的是在猪的日粮中添加维生素预混剂,可预防本病的发生。

2. 治 疗

(1)维生素 B_1 缺乏症　每千克体重维生素 B_1 0.25～0.5 毫克,皮下或肌内注射。

(2)维生素 B_2 缺乏症　每千克体重需维生素 B_2 6～8 毫克,因此,每 1 000 千克饲料中加 3～4 克拌匀喂服。

(3)维生素 B_3 缺乏症　口服或注射泛酸制剂,然后在饲料中补充泛酸钙,每千克饲料中泛酸含量应在 11～16 毫克。

(4)维生素 B_5 缺乏症　烟酸 100～200 毫克,口服。

(5)维生素 B_6 缺乏症　每千克体重取维生素 B_6 60 微克,口服,每天 1 次。

(6)维生素 B_7 缺乏症　8 周龄的猪每天注射生物素 100 微克,或每 100 克饲料加生物素 200 微克,喂服。

(7)维生素 B_{11} 缺乏症　每千克饲料加入叶酸 0.5～1 毫克,喂服。

(三)维生素 D 缺乏症

仔猪维生素 D 缺乏症是由于饲料中维生素 D 缺乏、吸收障碍而引起仔猪的钙、磷代谢紊乱的一种代谢病。本病的特征为异嗜,骨骼变形,发育迟缓。

【病　因】　①由于仔猪缺乏光照或光照时间不足,使皮下胆固醇不能转化为维生素 D,因而引起维生素 D 缺乏。②饲料中维生素 D 缺乏或不足,在配合饲料中配给的维生素 D 不足 ,也可引发本病。③仔猪患肠道疾病,肝、肾疾病,均影响猪体对维生素 D 吸收,致使仔猪发生维生素 D 缺乏症。

【临床症状】 初期发病,仔猪表现四肢无力,站立不稳,喜卧,走路跛行,生长发育缓慢。病情严重的仔猪,食欲减退,被毛粗糙无光泽。不能站立,如果站立时四肢发抖,有疼痛感。四肢、脊柱骨骼弯曲,关节肿大。肋骨和肋软骨结合处呈串珠状,肋骨和脊柱时常发生骨折,两前肢跪行。血钙降低严重时,会出现神经症状,如抽搐等。

【诊　断】 ①根据临床症状,骨骼变形,异嗜,生长发育迟缓等,可初步确诊。②将饲料送有关单位,检测维生素 D 的含量。

【防　治】

1. 预防　①对于妊娠母猪及仔猪,在配合饲料中给予适量的维生素 D,可预防本病发生。②夏季要多喂一些青绿饲料,冬春季节在饲料中多添加一些维生素 D,以预防本病发生。③让怀孕母猪和仔猪到运动场活动,多晒太阳,以使猪的皮下胆固醇转化为维生素 D。④对妊娠母猪和仔猪经常检查,发现有胃肠疾病及肝、肾病应立即进行治疗,可控制本病的发生。

2. 治疗　①用维生素 D_3 注射液,仔猪 1 000～5 000 单位/千克体重,肌内注射,连用 7～10 天。②维生素 AD 注射液,每毫升含维生素 A 5 万单位,维生素 D 5 000 单位。仔猪 0.5～1 毫升/次,连用 7～10 天。③维丁胶性钙注射液 2～10 毫升,肌内注射,连用 7～10 天。④浓缩鱼肝油(浓缩维生素 AD),0.5～1 毫升拌于饲料中喂服,每天 1 次,连用数天。但必须注意,维生素 D 不能长期大量应用,否则会引起中毒,表现食欲不振,腹泻,肌肉震颤,运动失调,尿毒症等。

二、仔猪糖代谢病

低血糖症

新生仔猪低血糖症也叫乳猪症。是由于新生仔猪体内血糖过低而引起仔猪的一种代谢病。本病的特征是 7 日龄内的仔猪血糖低于同龄正常猪的 2%～3%，出现神经症状。

【病　因】　①母猪在妊娠期间,饲养管理不善,产后母乳不足或无乳,致使仔猪饥饿。或者初乳过浓,乳蛋白、乳脂肪含量过高,引发仔猪消化障碍。②母猪患病,如子宫炎、乳房炎、发热等致使母猪无乳或乳量不足;或由于窝产仔猪多,乳头少,有的仔猪吃不到奶;或人工哺乳时不能定时、定量,使仔猪吃不饱奶。③仔猪本身糖原异生能力降低,使体内脂肪酸和葡萄糖不足,生酮和糖原异生作用成熟迟,胃肠消化功能差,即使吃足了奶,也不能充分消化。④仔猪肠道内缺乏乳酸杆菌,肝脏内酶类缺乏或不足,也会使仔猪血糖降低。⑤低温、寒冷或空气湿度过高 ,仔猪身体受寒冷刺激,也会诱发本病。⑥当血糖降低到 50 毫克/100 毫升以下时,就会引起中枢神经障碍,出现神经症状。春季产仔季节发病率高,病死率为 70%～100%。

【临床症状】　本病多在仔猪出生后 3 天内发病。病猪精神沉郁,四肢无力,喜卧地,嗜眠。皮肤苍白,被毛蓬乱,体温低下。耳尖、尾根、四肢末端皮肤发凉,发绀。吮乳停止。最后,出现神经症状,肌肉震颤,阵发性痉挛,四肢呈游泳状划动。眼球震颤,空嚼,流涎,心跳缓慢,体温下降。皮肤发凉。瞳孔散大,角弓反张。反应不敏感或消失。处于昏迷状态,不久死亡。

病程 24～36 小时。

【病理变化】 肝呈橘黄色,质脆,边缘锐利。肾淡黄色,有出血点。胆囊肿大。脾为褐色,稍肿大。膀胱内积有红色尿液。

【防　治】

1.预防　①对妊娠母猪加强饲养管理,供给全价饲料,尤其是含糖多的饲料不应缺乏。要选择泌乳量高的母猪做种猪,避免各种应激因素作用。如果母猪产仔过多,可将多余仔猪给其他母猪寄养。对于患乳房炎、子宫炎、发热的母猪要及早发现,立即治疗。②对于初生仔猪一定让其吃上母乳,如果母猪乳头少,仔猪多,应进行人工哺乳,并要定时、定量,防止仔猪饥饿。在寒冷季节对初生仔猪一定要注意保温,避免寒冷刺激,环境温度应保持在 25℃～30℃。如将仔猪移置温暖舍中,舍温应保持在 16℃以上。

2.治疗　①治疗的基本原则是给仔猪及时补糖。10%葡萄糖溶液 20～40 毫升,腹腔或皮下分点注射,每隔 4～8 小时1 次,连注 2～3 天。②口服补液盐(氯化钠 3.5 克,碳酸氢钠2.5 克,氯化钾 1.5 克,葡萄糖 30 克,水 1000 毫升)。③灌服葡萄糖溶液或红糖水、白糖水。④促肾上腺皮质激素和肾上腺皮质激素类药物,交替使用,可升高血糖。

三、仔猪矿物质代谢病

(一)白 肌 病

仔猪白肌病也叫硒和维生素 E 缺乏症。是由于猪体内缺乏硒和维生素 E 而引起仔猪的一种代谢病。本病的特征为肌营养不良,横纹肌呈灰白色,肝变性、坏死,心为桑葚状。

【病　因】 ①由于土壤中缺硒,所以植物中硒的含量很低,饲料中硒不足,致使母猪体内缺硒。哺乳仔猪通过乳汁得不到硒,自然会发生本病。②由于原发或继发的原因,使饲料中的维生素E遭到破坏。③微量元素间的相互干扰,如给猪过量的饲喂钴、银、碲、锌和矾,也会诱发硒缺乏症。④本病在春季呈地方性发生。

【临床症状】 本病多在体质良好的仔猪群中发生。病猪精神不振,食欲减退,呼吸促迫,心脏衰竭而突然死亡。病程稍长的仔猪,肌肉发抖、无力,走路摇摆,弓背,常发出尖叫声。可视粘膜苍白。皮肤灰白,被毛粗乱无光泽。眼结膜和角膜浑浊。病的后期出现神经症状,如四肢抽搐,连续滚转,不能站立,四肢呈游泳状或呈犬坐姿势。最后,四肢麻痹,心跳、呼吸加快,心律不齐,有啰音,腹泻,粪便带血。身体极度衰竭而死亡。

【病理变化】 骨骼肌变性、坏死,色淡呈灰白色或黄白色,呈条状、片状,似煮肉样,背腰、臀、腿部肌肉最明显。心内外膜出血,心包积液,心肌呈桑葚状,俗称桑葚心。肝营养不良。多发生在3～4周龄的仔猪。急性型的肝脏肿大,质地脆弱,表面和切面呈红黄相间、大小不一的坏死灶,如槟榔样花纹。少数病例肝深红色变成灰黄色,最后为土黄色。肾充血、肿胀,表面呈紫红色,有灰黄色变性区。肾实质有出血点和灰色斑纹灶。

【诊　断】 ①根据临床症状,病理变化,尤其是仔猪肌营养不良,变性,坏死,呈灰白色或灰黄色条纹状或片状。肝变性,坏死。心肌变性,呈桑葚状。可初步确诊。②将饲料送有关单位对硒和维生素E进行检查,才能最后确诊。③仔猪白肌病出现的皮肤出血性素质与大肠杆菌病很相似,为此应将这两个病进行鉴别诊断。

【防治】

1. 预防　①对仔猪和母猪要加强饲养管理,在寒冷季节应给猪补充蛋白质和富含硒和维生素 E 的饲料。②在猪的日粮中按每 100 千克饲料添加 0.022 克无水亚硒酸钠和 2～2.5 克维生素 E。③对母猪在配种前和怀孕 2 个月时,肌内注射亚硒酸钠液 8 毫升。对 5 日龄仔猪每头肌内注射 0.1％亚硒酸钠溶液 1 毫升,20 天后再注射 1 次,可预防本病发生。

2. 治疗　用 0.1％亚硒酸钠溶液皮下或肌内注射,10 日龄以内的仔猪 1 毫升,10～20 日龄 2 毫升,20 日龄以上 3 毫升。醋酸生育酚 0.1～0.5 克,皮下或肌内注射,每天 1 次,连用 10～14 天。维生素 E 10～15 毫克/千克饲料,喂服。

(二)铁、铜缺乏症

仔猪铁、铜缺乏症是由于仔猪体内缺乏铁、铜或含量不足而引起仔猪的一种代谢病。本病的特征为:铁缺乏时,仔猪贫血,生长迟缓;铜缺乏时,仔猪贫血,心肌萎缩,生长发育缓慢。

【病因】

1. 铁缺乏症　也叫缺铁性贫血。①哺乳仔猪生长发育快,每天需 15 毫克的铁,如果铁供应不足,就会影响血红蛋白的合成而发生贫血。黑毛仔猪更易患本病。②仔猪的圈舍如果是水泥地面,长期不与土壤接触,仅靠乳汁每天只能获得 1～2 毫克铁,也会造成铁的缺乏。③铜、钴、维生素 B_{12}、叶酸缺乏时,也会使仔猪贫血。缺铁时血红蛋白含量下降,缺铜时红细胞数减少。本病的发病率达 90％。病死率也很高。

2. 铜缺乏症　缺铜地区土壤中缺铜 ,所以植物中缺铜。

因此,铜缺乏症是由于饲料中铜不足而引起的。如果饲料中铜的含量过高,也会引起铜中毒。硫、锌、镉、硼、锰、银和抗坏血酸均为铜的拮抗剂,会影响铜的吸收,引起铜的缺乏。

【临床症状】

1. 铁缺乏症 本病多发生于 3 周龄以下的仔猪。病仔猪精神委靡不振,食欲减退,被毛蓬乱,喜卧。可视粘膜苍白,轻度黄疸。体温无变化。多数仔猪消瘦,耳静脉不明显,针刺出血少。排出稀便,生长减慢。呼吸困难。体表健壮的仔猪有的突然死亡。血红蛋白降至 $20\sim40$ 克/升,红细胞数由正常的 $5\times10^{12}\sim8\times10^{12}$ 个/升降到 $3\times10^{12}\sim4\times10^{12}$ 个/升。呈低染性小细胞性贫血。

2. 铜缺乏症 在自然情况下,$4\sim6$ 周龄猪发生地方流行性运动失调。病仔猪精神不振,厌食或拒食,腹泻。被毛粗乱,受损,脱色。心脏肥大,贫血。眼球震颤。四肢异常、后躯麻痹、弯曲、呈蹲坐姿势,前肢弯曲、常卧地呈划水样。喜啃泥土。生长发育缓慢。血红蛋白降至 $50\sim80$ 克/升,红细胞数降到 $2\times10^{12}\sim4\times10^{12}$ 个/升,碱贮下降。血铜含量低于 10.99 微克/升,肝铜含量低于 20 微克/克(干重)。

【病理变化】

1. 铁缺乏症 可见心肌松弛,心脏扩张,心包液增多。肺水肿。肝肿大。胸腔内常有清亮液体。血液稀薄如红墨水,不凝固。肌肉颜色变淡。

2. 铜缺乏症 心肌萎缩,贫血,动脉血管破裂。

【防 治】

1. 预 防

(1)铁缺乏症 ①仔猪生下后 3 天 1 次注射牲血素,每头每次 1 毫升,或 1 次性肌内注射 100 毫升葡萄糖酸铁,维持血红蛋白水平 3~4 周。可预防本病发生。②母猪在产前 2 周注射 10 毫升葡萄糖酸铁,所产仔猪血红蛋白水平显著升高。③在猪圈中每 50 千克细沙中喷洒硫酸亚铁 1000 克、硫酸铜 120 克的混合液,或用硫酸亚铁 100 克和硫酸铜的糖浆,涂布于母猪的乳头上,也有良好的作用。另外,在母仔猪舍内地面上撒少量含铁黄土,或在舍内一角放一块铁,让仔猪自由舐食。

(2)铜缺乏症 ①应从改良土壤着手,特别是泥炭土,在肥料中可施加化工副产品黄铁矿灰渣,在秋季翻地时施加磷肥和钾肥。②在日粮中配给足量的铜,一般日粮中添加 0.1% 硫酸铜,或者每千克饲料添加 250 毫克铜,可促进仔猪的生长发育。

2. 治 疗

(1)铁缺乏症 ①硫酸亚铁 21 克,硫酸铜 7 克,溶于 1000 毫升水中,过滤取滤液,每只仔猪 4 毫升,灌服,或饮水或拌料喂服。②硫酸亚铁 100 克,硫酸铜 20 克,研成细末混于 5 千克细沙中,撒于猪舍内,让仔猪自由舐食。③如果配合补给氯化钴 50 毫克/次,维生素 B_{12} 0.3~0.4 毫克/次,叶酸 5~10 毫克/次,效果更好。④铁钴注射液或左旋糖酐铁 2 毫升,深部肌内注射,1 次即愈。

(2)铜缺乏症 ①硫酸铁 2.5 克,硫酸铜 1 克,开水 1000 毫升,混合凉后喂仔猪,或反复涂擦哺乳母猪乳头,待仔猪吃奶时即可口服。②硫酸铜 20~30 毫克,口服,每天 1 次,连用 15~20 天。需间隔 10~15 天,直到痊愈。

(三)钙、磷缺乏症

仔猪钙、磷缺乏症是由于仔猪体内钙和磷不足或比例失调而引起仔猪的一种矿物质代谢病。本病的特征为消化紊乱，异嗜癖，骨骼弯曲，跛行。仔猪为佝偻病，成年猪为软骨症。

【病　因】　①仔猪断奶后日粮中饲料单一，钙、磷缺乏或不足，以及钙、磷比例失调(正常为 $1.5\sim2:1$)不能满足仔猪生长发育的需要。如日粮中高磷低钙，过多的磷与钙结合会影响钙的吸收，造成缺钙。高钙低磷时，过多的钙与磷结合形成不溶性的磷酸盐，影响磷的吸收，造成缺磷。所以，在日粮中必须保持磷、钙比例平衡。②在日粮中蛋白质或脂肪饲料过多，在代谢中形成大量酸类，与钙形成不溶性钙盐排出体外，而引起仔猪缺钙。③仔猪患胃肠疾病、寄生虫病、甲状腺功能亢进等，也会造成钙、磷及维生素 D 缺乏。④猪舍阴暗潮湿，光线不足，仔猪缺乏运动也会诱发本病。⑤仔猪体内维生素 D 缺乏，或肝、肾疾病和甲状旁腺素减少，可直接影响钙、磷的吸收。⑥由于怀孕母猪缺乏钙、磷及维生素 D，所以产后仔猪也发生本病，具有遗传性。

【临床症状】　仔猪先天性的佝偻病表现颜面骨肿大，硬腭突出，四肢肿大，关节不能弯曲。断奶仔猪表现食欲减退，被毛粗乱，生长发育不良。异嗜，喜吃泥土，啃咬墙壁。喜卧，不愿走动，走路困难，跛行。驱赶时，步态蹒跚，并发出嘶嘶叫声。低钙时会出现神经症状，如抽搐，突然倒地。病重的仔猪，关节肿大、肥厚，不能站立。胸廓两侧扁平，狭小，四肢骨骼弯曲，呈 X 形或 O 形，易骨折。肋骨与肋软骨结合处肿大，呈串珠状。

【诊　断】　①根据临床症状，如骨骼变形、异嗜、走路跛行，可初步确诊。但最好进行血液检查，才能确诊。②对血钙、血清磷的含量进行测定，如果血钙、血清无机磷含量降低，血清中碱性磷酸酶活性升高。骨骼中的无机物(灰分)与有机物的比例由正常的 $3:2$ 降到 $1:2\sim3$。③用 X 线照射检查，骨密度降低,骨皮质变薄,长骨端凹陷,骨骺界限增宽,形状不整。④本病应与风湿症、肢蹄外伤、口蹄疫等鉴别诊断。

【防　治】

1. 预防　①对于怀孕母猪、哺乳母猪及断奶仔猪加强饲养管理,给予含钙、磷丰富并比例适合的饲料,在饲料中加鱼肝油或经紫外线照射的酵母。②猪舍在寒冷季节要保持温暖、干燥、清洁、通风、光照。在冬季可用紫外线灯给仔猪照射,距离1～1.5米,15～20分钟,每天1次。③对仔猪要加强管理,增强运动,在农村也可放牧。④对于仔猪及怀孕母猪的胃肠疾病,肝、肾疾病,甲状腺功能亢进及寄生虫病,应及时治疗。

2. 治疗　①用维生素 D_2 或 D_3 注射液1～2毫升,肌内注射,每天1次,连用5～7天。②维丁胶性钙1～2毫升,肌内注射。维生素 AD 0.5～1毫升,拌料喂服。③多种钙片,每2千克体重1片,混于饲料中喂服。④在饲料中补加骨粉、鱼粉、甘油酸钙等,可治疗本病。

（四）碘、钴缺乏症

仔猪碘、钴缺乏症,是由于仔猪体内碘、钴缺乏或不足而引起仔猪的一种代谢病。本病的特征为,碘缺乏时甲状腺增生,体积增大、萎缩;钴缺乏时,病猪厌食,消瘦,贫血,生长迟缓。

【病　因】

1. 碘缺乏症　①在缺碘地区,由于土壤中缺碘而使植物和水中缺碘,所以饲料中碘不足,这是发生本病的最主要原因。②一些饲料如十字花科植物、亚麻粉、草籽饼、木薯粉、豌豆等,因含有硫氰酸盐、硝酸盐、过氯酸盐等与碘竞争,进入甲状腺后而抑制碘的吸收。③如果土壤和饲料中钴、钼缺乏、锰、钙、磷、铅、镁等过多,日粮中胡萝卜素及维生素C缺乏,以及仔猪机体抵抗力下降等,均可引起本病发生。

2. 钴缺乏症 ①在缺钴地区,土壤中钴的含量不足,如含钴为0.3～2毫克/千克,仔猪易患本病。②由于土壤中缺钴或含量不足,因而植物中必然缺钴,所以,饲料中钴缺乏,如每千克饲料干物质中钴的含量低于0.5～1.5毫克,仔猪易得此病。

【临床症状】

1. 碘缺乏症 病仔猪消瘦,体质弱。被毛稀少或无毛,眼球突出。四肢弯曲,站立困难,喜卧,驱赶时发出嘶叫声。心动过速,呼吸困难。颈部皮下粘液性水肿。甲状腺肿大,呈纺锤状。

2. 钴缺乏症 本病3～4周龄的仔猪多发。发病仔猪精神沉郁,食欲不振,衰竭,可视粘膜和皮肤苍白,贫血。被毛粗乱无光泽,生长发育迟缓,消瘦,抗病力降低。如有继发感染,易引起气管炎和肺炎。消化不良,腹泻。

【防　治】

1. 预　防

(1)碘缺乏症 ①对母猪加强饲养管理,补喂碘制剂或含碘食盐。妊娠母猪每次加碘化钾0.3克,隔15天1次,连用3次,可预防新生仔猪碘缺乏症。②生长猪碘的需要量,每千克体重0.14毫克,在1千克盐内加0.1克碘化钠(或碘化钾),断奶仔猪每头每天2克,成年猪每头每天5～10克。在补碘的同时,补给维生素A、磷、钙,效果更好。

(2)钴缺乏症 ①如土壤中含钴量为0.3～2毫克/千克,

在土壤中可施用过磷酸石灰,能促进植物对钴的吸收。②要控制日粮中铁、锶、钡、镍的含量,不能超标,并且饲料中铜、碘、钙不能缺乏,保证每千克饲料干物质中含钴 0.5～1.5 毫克,以防止本病发生。③仔猪出生后 4～10 天内,用葡萄糖铁钴注射液 2 毫升,臀部肌内注射,可预防铁、钴缺乏性贫血。

2. 治 疗

(1)碘缺乏症　①病仔猪每天随乳汁喂给碘酊 1～2 滴。或投给 0.25%碘化钾溶液 1 茶匙。②将碘酊滴在母猪的乳头上 1～2 滴,让仔猪自由舔食。或每 2 周在仔猪皮肤上涂碘酊 10 毫升。③ 妊娠母猪每月在饲料或饮水中投放碘化钾 0.5～1 克。或者补喂海带,每次 0.5～1 千克,煮汤,连渣喂给。每月喂服 2～3 次。

(2)钴缺乏症　①用钴盐添加剂如氧化钴、硫酸钴、硝酸钴等,仔猪 1～2 毫克,成年猪 10～20 毫克,连用 1～1.5 个月。②如仔猪贫血时,用维生素 B_{12} 注射液 300～400 微克,肌内注射,每天 1 次。

(五)锰、锌缺乏症

仔猪锰、锌缺乏症是由于仔猪体内缺锰或缺锌而引起仔猪的一种代谢病。本病的特征为锰缺乏时出现佝偻病症状。锌缺乏时,生长发育缓慢或停滞,表皮增生,皮肤龟裂。

【病　因】

1. 锰缺乏症　在冬季喂单一饲料,容易发生本病,如玉米中含锰量较低,在农村冬季专喂玉米的仔猪易造成锰的缺乏。

2. 锌缺乏症　①在缺锌地区,饲料中含锌量不足或缺乏。北京、河北、四川、陕西、湖南、湖北、黑龙江等省、市均有缺锌症的发生。②虽然某些地区不缺锌,但由于有些因素影响或干扰锌的吸收。如饲料中铜、植酸、纤维素、钙含量过高等均可影响或抑制锌的吸收。③仔猪肠道细菌或病毒存在及其肠道菌群的变化，均可影响锌的吸收和利用。

【临床症状】

1. 锰缺乏症　病仔猪似佝偻病症状，表现僵直、跛行，喜卧，行走困难，驱赶时发出尖叫声。骨端粗大，或骨头变短。而佝偻病则广泛性软骨增生，症状更为严重。

2. 锌缺乏症　病猪食欲减退，生长发育缓慢或停滞。皮肤发生不全角化，以四肢、耳朵、腹下、耳根、会阴、肛门等处更为明显，其次为颈部和面部、背部。患部皮肤有红点、红斑，而后变为丘疹，形成裂隙和褐色的结痂。如被细菌感染，会出现脓皮病和皮下脓肿。

【防　治】

1. 预防　①精饲料中除玉米外，大麦、小麦、麸皮或米糠等均富含锰，在配合日粮时应注意适当的搭配。②为预防锰缺乏，可在饲料中适当添加锰，如 45 千克重的猪，可摄入 24～57 毫克的锰，若仔猪小可适当减量。③合理调配日粮，保证日粮中有足够量的锌，并适当限制钙的水平，钙、锌的比例维持在 100：1。猪对锌的需要量每千克饲料 40 毫克，适宜补锌量为每千克饲料 100 毫克。在日粮中添加硫酸锌，1 千克日粮添加 0.2 克，1 天 1 次，连用 10 天，可有效预防锌缺乏。脱毛严重的哺乳母猪和断奶仔猪，应加倍补锌。

2. 治　疗

(1)锰缺乏症　①0.1％高锰酸钾溶液，让猪自饮，可防治本病。②由于玉米为含锰低的饲料，应与含锰多的饲料如鱼粉、豆饼、麦麸等配合应用，以维持日粮中锰的最适含量，即 25～30 毫克/千克。③对于病猪可在日粮中加入锰制剂。

（2）锌缺乏症　①治疗时可用碳酸锌口服或注射，每千克体重 2～4 毫克，每天 1 次，连续注射 10 天，效果明显。②正常饲料中锌的含量为 $5×10^{-6}～10×10^{-6}$，所以，要给仔猪全价配合饲料，或合理搭配饲料，才能预防本病发生。③钙、锌的正常比为 100：1，当日粮中钙为 $0.5\%～0.6\%$ 时，锌应为 $5×10^{-6}～6×10^{-6}$，才能满足营养需要。$10×10^{-6}$ 锌对中等度高钙有保护作用。④在缺锌地区，可以施用锌肥，每公顷施硫酸锌 4～5 千克，可以提高土壤和饲料中锌含量，以预防本病的发生。

四、其他代谢疾病

（一）僵　猪

僵猪也叫小老猪、小赖猪。是由于先天发育不足，或后天营养不良而引起的一种仔猪疾病。本病的特征是仔猪食欲正常，发育缓慢或停滞。

【病　因】　①由于近亲繁殖，如母仔猪或兄妹猪之间交配所产仔猪。母猪年龄过大或后备母猪过早配种，对妊娠母猪饲料营养价不全，管理不当，使仔猪先天发育不好，生长发育缓慢，形成胎僵。本病在僵猪中占 6.3％。②对泌乳母猪饲养管理不善，使母猪无乳或少乳，或母性不强，不让仔猪吃奶。从而仔猪不能得到足够营养，使仔猪生长停滞。或者对仔猪护理不当，仔猪没有固定乳头，体弱的仔猪吃不到足够的母乳，长期处于饥饿状态而形成乳僵。这种乳僵在僵猪中占 12％。③由于仔猪补饲晚，日粮品质不好，断奶后在保育期护理不好，不能及时合理补料，使一些弱小仔猪吃不到充足的饲料，尤其是维生素A,维生素D或B族维生素缺乏时,致使其生长缓慢而形成食僵。此种食僵在僵猪中占44.9%。④仔猪由于消化功能不健全,免疫力差,容易患病,如仔猪营养性贫血、佝偻病、副伤寒、腹泻、内外寄生虫病等,影响仔猪生长发育而形成病僵。该型在僵猪中占36.8%。本病在不同地区,不同品种、不同性别的猪中均可发生,但以10～20千克的仔猪多发。

【临床症状】 病仔猪精神不振,被毛蓬松,粘膜苍白。走路摇摆,喜卧。弓背缩腹,脑瓜大、肚子圆、屁股尖,体质瘦小。皮肤干燥,多褶。便秘与腹泻交替,只吃不长个。生长缓慢或停滞。平均日增重还不到50克,有的猪体重6个月才20千克,也还有的1年也不能出栏。所以,给养猪场(户)造成很大的经济损失。

【防　治】

1.预防 ①对妊娠母猪和泌乳母猪加强饲养管理,不仅要日粮充足,且营养调配合理,营养价全,尤其多供些青绿饲料,使仔猪在胚胎阶段发育良好。出生后仔猪要固定乳头,如仔猪多、乳头少时除了找别的母猪代哺外,也可人工哺乳,保证每个仔猪均能吃到母乳。②对于断奶仔猪要加强保育工作,不仅使猪舍清洁卫生、干燥、通风良好、冬季保暖、光照充足,而且要适时补饲,饲料要保质保量,满足断奶仔猪的营养需要,使其迅速生长发育,以减少僵猪的发生。③在养猪生产中,注意不要近亲繁殖和过早配种,这样能保证后代的活力和质量,以避免种质退化。④对于僵猪应早期发现,早期治疗,以防重复感染。根据发病的不同原因,采取相应的治疗措施,如供给全价饲料,调整日粮结构,驱虫,健胃等。对于细菌病、病毒病应及时治疗,定期免疫注射疫(菌)苗。

2.治疗 ①维生素A 2.5万～5万单位,肌内注射。口服酵母片或食母生,每次 20～60 克,每天 1～2 次。皮下注射维生素 C。②丙硫咪唑 15 毫克/千克体重,喂服,5 天后取大黄苏打片 2 片/千克体重,拌料喂服,1 天 3 次。③小肚型僵猪,在饲料中加 2.5％磷酸氢钙。大肚型僵猪,用维生素 B 族注射液肌内注射。皮肤湿型僵猪用维生素 B_2 注射液,肌内注射。皮肤干燥型的僵猪,用维生素 AD 注射液,肌内注射。

(二)异 嗜 癖

仔猪异嗜癖也叫异食癖。是由于消化功能和神经功能紊乱而引起的仔猪的一种慢性代谢性疾病。本病的特征为食欲不正常,专门舔食或咀嚼各种异物。

【病　因】　①营养因素。如缺乏某种维生素、微量元素(如铁、铜、钙、镁、磷、食盐),纤维素和蛋白质不良等,可诱发本病。②饲养管理不善。如猪舍密度过大,拥挤,吃不到食,相互争斗,圈内缺乏垫草等。③环境因素。干燥、温度过低,环境污染严重,如氨气、二氧化碳、硫化氢增多,均可使本病发生。④某些疾病的干扰。如体内外寄生虫病,某些传染病等,也会成为本病的病因。

【临床症状】　初期,病猪食欲减退,喜食泥土、石灰、砖块、破布等异物。咬尾和咬耳在猪群中比较多见。开始是 1～2 个仔猪发生,后蔓延到全群。尤其是一些断奶后即将出售的仔猪咬尾多发。而咬耳的仔猪相对较少。受害的猪多为有色的猪,啃咬者有白猪也有黑猪。病猪消瘦、弓背、磨牙,发育缓慢,严重的因衰竭而死亡。由于啃咬受伤也易诱发脓肿、瘫痪、疥癣等疾病。

【防　治】

1. 预防　①对猪群应加强饲养管理,供给全价饲料,尤其是各种维生素和微量元素不能缺少。对猪群每天要细心观察,发现病猪及时隔离治疗。②猪舍内的养猪密度要适中,千万不能过于拥挤。搞好舍内的清洁卫生。舍内地面及运动场上的粪便及时清除,保持圈舍清洁,空气流通,光照良好,放足垫草,可预防本病发生。③对猪群经常检查,发现其他疾病应立即治疗,定期进行驱虫。④有人建议,仔猪出生时立即断尾,可预防咬尾癖。⑤可在圈舍内放一些玩物,如汽车内胎、链条、罐头盒、小木头等,让其啃咬,避免仔猪间相互啃咬。

2. 治疗 ①取 10～20 毫克氯化钴配合 75～150 毫克硫酸铜,拌料喂服,剂量为每头猪 10～20 毫克。②补喂复合微量元素添加剂和复合微生素添加剂。在饮水中加适量食盐、镇静剂,有一定疗效。③对受伤的仔猪,可用碘酊、紫药水等涂擦伤处。

第五章 仔猪中毒病的防治

一、仔猪饲料中毒病

(一)霉饲料中毒

仔猪霉饲料中毒是由于饲料被真菌污染而产生毒素,猪吃了这种发霉的饲料后而引起真菌毒素中毒。本病的特征为仔猪出现神经症状。

【病　因】　①在自然界中,许多真菌在适宜的条件下,可在饲料中生长繁殖,并产生有毒物质,如黄曲霉毒素、镰刀菌毒素、赤霉菌毒素、棕曲霉毒素等,猪吃了被真菌污染的饲料而引起中毒。多半是由于几种毒素协同作用的结果。②如果饲养管理不当,加料过多,槽内长期有剩料,槽底部饲料发霉,猪吃后也会引起中毒。各种猪均可发生,以仔猪和妊娠母猪最敏感,病情也重。

【临床症状】　病仔猪多为急性发作,常出现神经症状,如头弯向一侧,头顶地、顶墙,2～3天内死亡。末期,拒食,腹痛,腹泻或便秘,粪中带有血液和粘液,生长缓慢,消瘦,被毛粗乱等。

【病理变化】　病死猪皮下水肿,胸腹腔有多量渗出液。肝肿大,实质变性、变脆,呈淡黄色。肾肿大,肾盂充血、水肿,有深黄色胶状物,切面黄染。脾肿大,切面黄染。急性病猪胆囊粘膜下层严重水肿,胆汁浓稠呈黄色胶冻状。肠系膜充血、水肿,粘膜脱落,呈豆渣样。胃粘膜有大小不等的出血点或溃烂。肺萎缩,表面不平,呈无光泽大理石状,切面渗出血丝状液体。心肌无力,心内膜见有散在的出血点。全身淋巴结肿大,切面有渗出液。慢性的病例,胸膜、腹膜、肾、胃肠道出血。皮下组织黄染。

【防　治】

1. 预防　①饲料作物收割后,在田间不要放堆太大,籽粒晒干后才能入库,以防发霉。②对于现有饲料在饲喂前一定进行检查,尤其在夏秋多雨季节更应注意。③发现霉变饲料千万不能直接喂猪。对于轻度污染的饲料,也必须进行脱毒后才能饲喂。发霉饲料的脱毒方法:用1.5%氢氧化钠溶液或草木灰水浸泡处理,或用清水反复清洗,直到洗液清澈无色为止。饲料脱毒后也不能全喂,必须与未污染的饲料搭配,限量饲喂。

2. 治疗　①本病无特效疗法,只有对症治疗。急性中毒的猪,可用0.1%高锰酸钾溶液,或温生理盐水,或2%碳酸氢钠溶液灌肠、洗胃,后用盐类泻剂,如硫酸钠30～50克,水1升,1次口服。②用5%葡萄糖氯化钠注射液300～500毫升,40%阿洛托品20毫升,静脉注射。③强心,可用20%安钠咖5～10毫升,皮下注射。④针刺耳尖、尾尖放血7～10滴,每10～15分钟放1次。⑤每头猪肌内注射青霉素80万～160万单位,链霉素注射液2～4毫升,每4个小时1次。

(二)马铃薯中毒

马铃薯也叫土豆,或称山药蛋。含有一种生物碱——龙葵素,仔猪吃后容易引起中毒。本病的特征为出现神经症状,腹泻,皮疹。

【病　因】　马铃薯在农村和城市是一种最常见的蔬菜，在我国北方贮存一冬用于食用。在农村常用其喂猪。但是马铃薯在贮存过程中，由于发芽、皮发青及腐烂其所含龙葵素数量大大增多。如头年收获贮存到翌年 7 月份，龙葵素可增加到 0.11%，18 个月后为 1.3%。发芽、变质、腐烂的马铃薯芽内含龙葵素量为 4.76%，块根内为 0.58%～1.84%。仔猪吃了这种贮存时间长，发芽、变质、腐烂的马铃薯后就会引起中毒。

【临床症状】　马铃薯中毒根据临床症状，可分为神经型、胃肠型和皮疹型。以神经型和胃肠型多见。

1. 神经型　潜伏期为 4～7 小时。病猪初期兴奋不安，冲撞，狂躁。呕吐和腹痛。短期后由兴奋转入沉郁，四肢麻痹，走路不稳，摇摆，气喘，可视粘膜发绀，瞳孔散大，心衰，3 天左右死亡。

2. 胃肠型　病猪食欲减退，体温升高，出现胃肠炎症状，如呕吐、腹泻、腹痛等。

3. 皮疹型　多在病的末期发生，在腹部皮下出现湿疹，头、颈和眼睑水肿。但此型少见。怀孕母猪中毒后发生流产。

【病理变化】　可见胃肠粘膜潮红、出血，上皮细胞脱落、坏死。肝肿大，质脆，出血。脾、肾肿大，淤血。心腔内血液呈暗黑色，凝固不全。眼睑和颈部皮下胶样浸润。

【防　治】

1. 预防　①千万不要用发芽或腐烂的马铃薯喂猪，以预防本病的发生。②如要用马铃薯喂猪时，应将幼芽除去（芽不要乱扔，不许让猪吃到），煮熟后将水倒掉，并且要与其他饲料搭配饲喂。③马铃薯的茎叶最好不要喂猪，尤其是腐烂发霉的茎叶更不能做饲料。必需应用时，应将其茎叶与其他青绿饲料混合青贮后才能喂猪。④在农村家庭养猪中，要改变用坏土豆、土豆皮、种子土豆削下的剩余料喂猪的习惯,以预防本病的发生。

2. 治疗 ①发现病猪后应立即停喂马铃薯,更换其他饲料。最好采取饥饿疗法。用1%硫酸铜溶液20～50毫升,灌服。②口服溴化钠5～15克。或10%溴化钠溶液50～100毫升,静脉注射,每天2次。③口服1%鞣酸液100～400毫升。肌内注射1%仙鹤草素注射液15毫升。④5%葡萄糖溶液250毫升,复方氯化钠溶液250毫升,庆大霉素20毫升,20%安钠咖2毫升,1次静脉注射。⑤用5%～10%碳酸氢钠溶液适量灌肠,口服硫酸镁30克,导泻。

(三)菜籽饼中毒

仔猪菜籽饼中毒是由于菜籽饼中含有硫代葡萄糖苷,在芥子酶的作用下,形成有毒物质,幼猪食后而引起中毒。本病的特征为腹痛,腹泻,血红蛋白尿,呼吸困难,神经症状。

【临床症状】 病猪不安,流涎,拒食。鼻流出泡沫状液体。腹痛,腹胀,腹泻,粪便带血。排尿次数增多,血红蛋白尿。呼吸促迫、困难,并有痉挛性咳嗽。后期,全身衰竭,体温降低,心脏衰弱,虚脱而死。

【病理变化】 可见胃粘膜充血、出血、脱落。胃内有菜籽饼渣和凝血块。肠粘膜充血、点状出血。肝肿大,坏死。肾包膜下出血。肺水肿,气肿。心内外膜有点状出血。血液凝固不良。

【诊　断】 ①根据饲喂菜籽饼病史,临床症状如胃肠炎、尿血,以及剖检病变可初步确诊。②本病应与钩端螺旋体病、产后血红蛋白尿病、洋葱中毒等的血红蛋白尿鉴别诊断。

【防　治】

1. 预防　　①菜籽饼喂猪前，一定经脱毒处理后才能饲喂，喂时严格控制用量，一般不能超过 10%，首先用少数猪试喂，证明安全后，再全群饲喂。②菜籽饼脱毒法。一是热水浸泡法，将菜籽饼放入缸内或大盆内，加入 80℃热水浸泡 24 小时，将上清液去掉，再加水煮 1～2 小时，脱毒后饲喂。本法适合农村个体少量饲喂者。二是发酵中和法，在发酵池或大缸内放入粉碎的菜籽饼，加入 4 倍量的 38℃～40℃温水，2 小时搅拌 1 次，24 小时后弃上清液，再加清水至原量，分批喷入碱液，不断搅拌，使 pH 值在 7～8，沉淀 2 小时，去掉滤液，取出湿喂或干喂均可。脱毒效果达 90% 以上。本法适合大型猪场。三是在向阳干燥处挖宽、深各 1 米，长按菜籽饼的量而定的长方形的坑，坑底铺一层稻草或麦草，将粉碎的菜籽饼 按 1∶1 的比例对水，浸透泡软，拌匀后放入坑内，盖上干草，再盖土 20 厘米，待 1～2 个月后取出湿喂或晒干贮存。脱毒效果为 70%～99.8%。本法适于农村推广应用。

2. 治疗　　①本病无特效药物治疗，应立即停喂菜籽饼，对症治疗用 0.05% 高锰酸钾溶液让猪自由饮用。②用 0.5%～1% 鞣酸溶液洗胃。也可口服淀粉浆或豆浆水、蛋清、牛奶等。③用硫酸钠 50～100 克，小苏打 10～15 克，水 800 毫升，1 次灌服。④强心可用 10% 安钠咖 5～10 毫升，1 次皮下注射。维生素 C 2～4 毫升，维生素 K 2～4 毫升，肌内注射。25% 葡萄糖溶液 100～200 毫升，静脉注射。

（四）棉籽饼中毒

仔猪棉籽饼中毒是因棉籽饼中含有一种有毒物质——棉酚，猪吃了棉籽饼后而引起中毒。本病的特征为消瘦，贫血，腹泻,脱水,惊厥。

【病　因】　①棉籽饼含有棉酚、棉酚紫和棉酚绿 3 种色素,经加热后破坏一部分,还残存 $0.02\%\sim0.04\%$,以结合和游离的两种形式存在,游离状态的酚对猪有害。如果用棉籽饼长期喂猪或用量过大;或用未经去毒的棉叶小猪 1.5 千克,成年猪 3 千克以上喂猪,就会引起中毒。此外,棉籽和棉叶猪吃后也会中毒。②如果在猪的饲料中维生素(维生素 A)、矿物质(钙、铁)和蛋白质缺乏时,会促进本病的发生。农村多在冬、春季节喂棉籽饼,本病在春季多发。仔猪和妊娠母猪对棉酚特别敏感。

【临床症状】　病猪精神沉郁,走路摇摆,时常跌倒。眼结膜充血,见有粘性分泌物,视力减退或失明。呼吸、心跳加快。食欲减退,消化功能紊乱,粪便干黑,带有粘液和血液。口渴,排尿少,常出现血尿和血红蛋白尿。病重猪后期出现神经症状,如兴奋或沉郁,肌肉震颤,磨牙,呻吟,腹泻,2～3 天死亡。病仔猪出现腹泻,脱水,惊厥,病死率高。

【病理变化】　胃肠粘膜充血、出血、坏死。肝肿大,呈土黄色,淤血。肺水肿、充血、淤血。肾肿大,出血,实质变性。脾体积缩小。心室扩大,心内外膜有出血点。胸、腹腔内有红色透明的渗出液。全身淋巴结肿大。

【诊　断】　根据用棉籽饼喂猪的病史,临床症状,如胃肠炎、视力障碍、血尿及剖检变化,可以确诊。

【防　治】

1. 预防　①用棉籽饼喂猪前必须进行脱毒处理,然后才能喂猪。将棉籽饼弄碎后在锅内煮沸 1～2 个小时,即可脱毒。或将棉籽饼打碎,用 $0.2\%\sim0.5\%$ 硫酸亚铁溶液按饼水比为 1:25 浸泡 24 小时,然后用清水洗也可去毒。或将棉叶晒干后压碎、发酵,然后用清水洗净,在喂前用 5％石灰水浸泡 10 小时,软化去毒后再喂。②用棉籽饼喂猪时一定控制喂量,棉籽饼在仔猪日粮中不超过 10％,母猪不超过 5％。喂棉叶大猪不超过 1.5 千克,小猪不超过 250 克。用量由少到多,喂几周停一段时间再喂。③在喂棉籽饼的同时,应在日粮中添加维生素 A、矿物质(钙、铁)、蛋白质,或加青绿饲料,同时要供应充足的饮水。④怀孕期间的母猪和哺乳期间的母猪,一定不要喂棉籽饼和棉叶。

2. 治疗 ①用 3％碳酸氢钠溶液或 0.1％高锰酸钾溶液洗胃,后用硫酸钠 25～80 克加水,灌服。②25％葡萄糖溶液 500 毫升,10％安钠咖 10 毫升,10％氯化钙溶液 50～80 毫升,静脉注射。③大蒜 75 克捣成泥状,植物油 100 克,甘草 50～100 克共煎水,灌服。

(五)黑斑病甘薯中毒

仔猪黑斑病甘薯中毒是由于黑斑病的甘薯内含有翁家酮和甘薯酮毒素,仔猪吃后而引起中毒。本病的特征为腹部膨胀,便秘或腹泻,神经症状,肺膨大、出血。

【病　因】 ①在农村甘薯出窖时,人们习惯将选后剩下的甘薯用来喂猪,由于甘薯在窖内得了黑斑病,猪吃后而引起本病的发生。②如果用有黑斑病甘薯制粉的粉渣和晒干的甘薯片喂猪,也会引起中毒。③用患软皮病、象皮虫病的甘薯喂猪时,也会同样发生本病。

【临床症状】 本病在春末夏初发生。幼猪多发,而且病情严重。仔猪症状明显,多在食后第二天发病。病猪精神沉郁,食欲废绝,口吐白沫,呼吸急促。可视粘膜发绀,心跳加快,后期弱而不规律。腹部膨大,肠音减弱,先便秘、粪干硬发黑,后期腹泻、排出稀软带血液和粘液的粪便。体温升高。呼吸困难。病重猪出现神经症状，如运动障碍，走路摇摆，阵发性痉挛，头、嘴顶地，触墙，盲目行走，倒地，抽搐而死亡。

【病理变化】　病死猪胃肠道出血、发炎。肝、肾、脾出血，心冠状沟出血。肺膨大、水肿、块状出血，切开流出多量的血色液体和泡沫。

【诊　断】　①根据饲喂腐烂、发芽的甘薯，幼猪多发，胃肠炎症状；剖检可见肺膨大，水肿，块状出血，可初步确诊。②将病猪吃剩下的腐烂甘薯，送有关单位检验翁家酮和甘薯酮毒素含量，可以确诊本病。

【防　治】

1. 预防　①不要用霉烂的甘薯喂猪，必须喂猪时，一定要将发霉腐烂的部分削掉，且不要乱扔，以防仔猪误食而引发本病。②用霉烂甘薯制粉时所剩下的粉渣、甘薯片千万不要喂猪。③在农村要改变用霉烂的甘薯喂猪的习惯，以预防本病的发生。

2. 治疗　①用 0.1％高锰酸钾溶液或 1％双氧水洗胃。硫酸镁 50～100 克，加水溶解，灌服。②10％～20％硫代硫酸钠溶液 30～50 毫升，25％葡萄糖溶液 100～200 毫升，5％维生素 C 2～10 毫升，混合静脉注射，以提高肝、肾解毒和排毒功能。③10％溴化钠溶液 10～20 毫升，10％安钠咖 2～5 毫升，静脉注射，可调节神经功能和强心。绿豆粉 250 克，甘草末 30 克，蜂蜜 250 克，1 次灌服，每天 1 剂，连用 2～3 剂。

（六）酒糟中毒

　　猪酒糟中毒是由于酒糟中含有多种游离酸、杂醇油及醛类等有毒物质，如饲喂过久或突然大量饲喂，就会引起中毒。

本病的特征为兴奋不安,腹泻,腹痛,黄疸,血尿,皮疹。

【病　因】　①由于贮存时间太长或保管方法不当而使酒糟发生酸败变质,产生有毒物质,如多种游离酸(乙酸、乳酸、酪酸)、杂醇油(正丙醇、异丁醇、异戊酸)和醛类等,猪食后容易中毒。②制酒的原料不同还混有其他的有毒物质,如谷物中混有麦角时的麦角毒素和麦角胺,黑斑病甘薯的翁家酮,发芽马铃薯的龙葵素,这些毒素也会引起猪中毒。③突然喂饲大量酒糟或对其保管不好被猪大量偷吃。④在没有其他饲料的搭配下,长期单一饲喂酒糟,也可引起中毒。

【临床症状】　急性病猪精神不振,不愿运动,喜卧。食欲减退或拒食。体温升高。呼吸困难,呈腹式呼吸。张口磨牙,呻吟。先便秘,后腹泻,排出水样粪便,并混有脱落的肠粘膜。皮肤青紫色,出现皮疹。到病的后期,呼吸极度促迫,出现神经症状,如痉挛、麻痹、卧地不起。皮肤肿胀、坏死。因呼吸中枢麻痹而死亡。病程长的可见黄疸、血尿。妊娠母猪流产。慢性病例,消化不良,可视粘膜黄染,有皮炎和血尿。

【病理变化】　病猪皮肤发红,眼结膜潮红。肺充血、水肿。胃内容物有酒糟的酸臭味。胃粘膜充血或出血、水肿。小肠水肿,肠壁变薄。肠系膜淋巴结肿大、充血。心外膜有出血斑。肝脏和肾脏肿胀、淤血、变性。慢性病猪肝表面不平,质地坚实。

【诊　断】　根据饲喂酒糟史、临床症状和剖检病变,尤其是胃肠病变,可初步确诊。

【防　治】

1. 预防　①对酒糟要保管好,防止酸败。用不完的酒糟应隔绝空气,密封在饲料袋中或饲料缸内压紧。②不要单一地用酒糟喂猪,应与其他饲料搭配应用,一般酒糟在日粮中不应超过30％。成年猪每天只喂1～2千克,小猪酌减。开始要少喂,以后逐渐增多。③酸败的酒糟不要喂猪。对于稍微有酸败味的酒糟,可加入3％的石灰水浸泡20～30分钟,然后搭配其他饲料使用。对于严重发霉变质的酒糟,要坚决废弃,千万不要因小利而招来大祸。④喂酒糟时,要经常观察猪群,一旦发现猪体出现酒糟性皮炎,应立即停喂,同时应进行预防性治疗。

2. 治疗 ①用1％碳酸氢钠溶液1 000～2 000毫升灌服,也可灌服蛋清或牛奶。②硫酸钠30～50克,植物油150毫升,加适量水混合后灌服。并用5％葡萄糖盐水500毫升,加10％氯化钙溶液10～30毫升,缓慢静注。③对症治疗,如用安钠咖强心,皮疹用2％明矾水清洗,剧痒时可用3％石炭酸酒精清洗。为预防继发感染,可注射抗生素。

二. 仔猪矿物质元素中毒

(一)硒 中 毒

仔猪硒中毒是由于仔猪体内硒超过正常需要量而引起的中毒。本病特征为呕吐,呼吸困难,腹泻,消瘦,脱毛。

【病　因】 ①硒是仔猪体内必需的微量元素,但硒又是一种高毒性元素。在给仔猪补硒时,由于添加过量,或者日粮配合时,拌和不均匀,可引起中毒。②有的饲料本身含硒量过高,吃多了也会引起中毒。③在临床上用硒的制剂(如亚硒酸钠)治疗硒缺乏症时,如用药量过大也会引起中毒。

【临床症状】 急性病猪表现呼吸困难,运动失调,呕吐,腹痛、腹泻。如慢性中毒,全身脱毛。病猪厌食,腹泻。体重下降,消瘦,脱毛,皮肤有皱褶,蹄冠肿胀,严重时蹄壳脱落。四肢僵直,步态不稳,跛行严重,后肢瘫痪。

【病理变化】 急性病例,全身出血,肝、肾变性。肺充血、水肿。腹腔积液。慢性病例,颈部和前胸部等皮下淡黄色胶冻样浸润。血液稀薄,凝固不良。皮下血管扩张。肝萎缩、坏死、硬化。脾肿大。局灶性出血。心肌萎缩,心外膜充血。脑充血,出血,水肿。腹腔内见有淡红色腹水。

【诊　断】 ①根据病猪的症状、病理变化及可疑饲料可初步确诊。②采取病死猪的病料,如血液、尿液、毛、肝、肾等送有关单位检查硒的含量。仔猪肝硒正常量为 0.8 毫克/千克,肌肉硒正常量为 0.32 毫克/千克。如果超过了此剂量,可确诊为硒中毒。

【防　治】

1. 预防 ①在日粮配合时,必须严格地控制硒的添加量,千万不能过量,同时一定要混合均匀,以预防本病发生。在使用高硒原料时,一定要注意比例,严防失调引起中毒。②用硒制剂治疗硒缺乏症时,也必须注意严防过量。

2. 治疗 应立即停喂该饲料。对慢性病例可用砷制剂治疗。即将砷酸钠溶于水中,使水中砷的含量为 5 毫克/升,饮用 1 周。同时,给病猪富含蛋白质的日粮。急性病猪尚无治疗方法。

(二)食盐中毒

仔猪食盐中毒是由于仔猪食入过量食盐,饮水不足而引起的一种中毒病。本病的特征为消化功能紊乱,出现神经症状。

【病　因】 ①在日粮中加适量的食盐,能增进食欲,帮助消化。如食入过量,饮水不足,会引起中毒。仔猪对食盐相当敏感,其中毒量为1～2.3克/千克,致死量为4.5克/千克。②在农村喂给含盐多的泔水、腌菜水、洗咸鱼水,以及咸菜、咸鱼等,均可引起中毒。③在日粮中维生素E、含硫氨基酸、钙、镁缺乏时,对盐的敏感性增高。如仔猪的食盐致死量为4.5克/千克,钙、镁不足时,缩小到0.5～2克/千克,钙、镁充足时,增大到9～13克/千克。④食盐中毒的实质是钠离子中毒。因此,治疗猪病时给予过量的硫酸钠、乳酸钠等含钠的药品也会引起钠离子中毒。

【临床症状】 本病以神经症状和消化功能紊乱为特征。初期,病猪口渴,粘膜潮红,口唇肿胀,呕吐,腹痛,便秘或腹泻。因脑水肿,而出现兴奋不安、转圈、肌肉痉挛、全身震颤、四肢呈游泳状等神经症状,反复发作,也有的持续发作。肌肉痉挛多从头部开始,逐渐向后躯发展,最后呈犬坐姿势。痉挛时体温可达41℃以上,心跳加快,最后四肢瘫痪,倒地,衰竭而死亡。病程3～6天。慢性中毒则口渴,瘙痒,视力减退或失明。磨牙,转圈或呆立等。

【病理变化】 病变主要在中枢神经系统和消化道。脑软膜充血,脑回变平,脑沟血管明显,可见积液。胃粘膜充血,出血,水肿,溃疡。小肠见有弥漫性炎症。肠系膜淋巴结充血,出血。肝肿大,脑充血、水肿。慢性中毒时,骨骼肌水肿,心包积液,大脑皮质软化、坏死。

【诊　断】 ①根据临床症状,剖检变化,尤其是喂了过量食盐可初步确诊。②对血清钠和脑、肝组织中氯化钠含量测定。血清钠正常量为135～145毫摩尔/升,中毒时为180～190毫摩尔/升。肝和脑组织中氯化钠,肝超过250毫克/100克,脑超过180毫克/100克为中毒。③取胃内容物和粘膜,加适量水将盐浸出后过滤,再将滤液蒸发至干,残留物有强碱味,并有立方形食盐结晶。取结晶放于硝酸银溶液中,出现白色沉淀。取残渣或结晶在火焰中燃烧,钠盐的火焰为鲜黄色。④本病应与伪狂犬病、李氏杆菌病、传染性脑炎鉴别诊断。

【防　治】

1. 预防　①不要长期或大量喂含食盐多的饲料或副产品,日粮中的含盐量一般不超过 0.5%,并且多饮水。②当发现食盐中毒的猪后,应立即停喂现有的饲料,并立即给予新鲜饮水。③在日粮中加盐时,剂量一定要准确。

2. 治疗　①初期催吐,洗胃,用植物油或液状石蜡导泻,减少氯化钠吸收,并排出体外。但禁用硫酸钠和人工盐导泻,以防血钠升高,使病情加重。②用 5% 葡萄糖溶液 100～300毫升,静脉或腹腔注射。同时用甘草 50～100 克,绿豆 250～300 克,煎汤,口服。③每 1 000 毫升的 10% 葡萄糖注射液中加 200 毫升生理盐水以及适量的氯化钾、氯化钙,比单纯补糖效果好。病重的猪,用 5% 二巯基丙磺酸钠注射液,5 毫升/千克体重,肌内注射,每天 2 次。④根据病情,可对症治疗,如强心、利尿、镇静等。

(三)铜 中 毒

仔猪铜中毒是由于仔猪体内含铜量过高而引起的中毒。本病的特征:急性中毒为流涎、呕吐、腹泻,慢性中毒为厌食、粘膜黄染、血红蛋白尿。

【病　因】　①由于铜对仔猪的生长有促进作用,所以,人们普遍在配合饲料中添加铜制剂。如在日粮中铜的添加量过大,就会引起铜中毒。②在兽医临床工作中常常使用铜制剂,一旦使用剂量过大,也会发生本病。③铜和钼在猪体内具有拮抗作用,在饲料中钼缺乏时,虽然铜的量很低但也会引起中毒。

【临床症状】

1. 急性型　急性铜中毒时,由于铜盐具有腐蚀性,对胃肠粘膜产生强刺激,而引起胃肠炎。仔猪表现腹痛和剧烈的腹泻,粪便中铜的含量增高,呈黑褐色或深绿色,并含有较多的粘液。严重的病例,心跳加快、惊恐、虚脱、麻痹,体温下降,时间稍长会出现黄疸,1～2天死亡。此时,粪铜高达 8 000～10 000毫克/千克,数日后肝铜升高。溶血时,血铜为 500～2 000微克/分升(正常值为 100 微克/分升),肝铜升高为 6 000毫克/千克。溶血后 48 小时,红细胞从 40% 减少到 10%。高铁血红蛋白可达 35%,尿为血红蛋白尿。

2. 慢性型　慢性中毒时间较长,初期由于肝铜蓄积和肝受损轻微,无明显临床症状。2～3 个月后,肝脏受损加重和血铜升高,病猪精神不振,食欲减少,腹泻。14～25 天后,溶血和血铜很快升高,多为突然暴发,体弱无力,不爱吃食,黄疸,呼吸促迫。如果出现血红蛋白尿和血红蛋白血症时,病猪皮肤发痒,角化不全,并且出现湿疹、丘疹、过敏、肌肉震颤。病程 2～5 天。

【病理变化】

1. 急性型　主要是胃肠炎病变,胃肠粘膜糜烂、溃疡。肝、肾、脾充血。

2. 慢性型　主要病变为肝肿大,质脆,呈黄色。胆囊肿大,胆汁浓稠。肾肿大,有出血点,呈暗棕色。脾肿大呈棕色。黄疸。

【诊　断】　①根据临床症状,如黄疸、贫血、血红蛋白尿等,并结合日粮高铜史的调查,可初步确诊。②采取粪便、血液、肝、肾等材料,送有关部门测定铜含量,可以确诊。本病应与产后血红蛋白尿及溶血性血红蛋白尿进行鉴别诊断。

【防　治】

1.预防　①对饲料添加铜盐(如硫酸铜)千万不要过量,配合饲料时一定要拌均匀,可预防本病发生。②对于高铜饲料,如用铜厂附近的植物饲料喂猪时,应同时添加铁、锌、钙、钼、硫等盐类,对预防本病有一定作用。③在日粮中添加铜,或饲喂被铜污染的饲料时,一定要对肝铜、血铜、粪铜进行定期检测,发现本病及早治疗。④为预防铜中毒,在仔猪的日粮中应增加蛋白质、维生素E及钙、钼、锌等微量元素。

2.治疗

(1)急性型　可用0.1%亚铁氰化钾溶液洗胃。也可用牛奶、蛋清、豆浆和活性炭,不仅能吸附铜,而且还能保护胃粘膜,减少铜的吸收。同时,用乙二胺四乙酸二钙钠,成年猪1克(仔猪减量),溶于5%葡萄糖溶液内,静脉注射,每天1次,连用3天,如果没有痊愈,隔3～4天再注射1次。

(2)慢性型　口服钼酸铵50～500毫克/天,硫酸钠15毫克/天,连用1个月。或者口服硫代硫酸钠10克/天。

(四)亚硝酸盐中毒

仔猪亚硝酸盐中毒俗称饱潲病或饱潲瘟。是由于仔猪吃了含亚硝酸盐的青绿饲料后而引起的一种中毒病。本病的特征是,多在食后突然发病,腹痛,呼吸困难,呕吐,肌肉震颤,抽搐。

【病　因】　①亚硝酸盐是一种氧化剂,存在于青绿饲料和植物中,如白菜、油菜、甜菜、萝卜及叶、油菜、芥菜、马铃薯以及各种牧草、野菜、作物秧苗等,动物大量食后,血液中正常的血红蛋白被氧化成高铁血红蛋白,使组织缺氧而发生急性中毒。②如果对青绿饲料贮存或调制不当,长时间堆放发生腐烂。或青绿饲料煮得不透,煮时不搅拌,特别是盖锅闷煮或煮熟后仍闷在锅内,在50℃条件下放置过久,会使饲料中的硝酸盐转化为毒性大的亚硝酸盐,猪吃后会发生中毒。③如果猪误喝了割草沤肥的坑水,或喝了含亚硝酸盐过多的田水,也会引起中毒。

【临床症状】 本病多在食后30分钟左右突然发病。流涎,口吐白沫,呕吐,腹痛不安。心跳加快,呼吸困难。全身震颤。皮肤、耳尖、鼻端、口、舌及眼结膜呈青紫色。体温低于正常。四肢无力,运动共济失调,抽搐,鸣叫。断尾后,血液凝固不良,呈黑色或黄褐色。最后,心跳微弱,体质衰竭而窒息死亡。体质壮、抢食的猪中毒严重,来不及治疗,很快死亡。

【病理变化】 胃粘膜充血、出血。小肠水肿,肠壁变薄。肠系膜淋巴结肿大。肺充血、水肿,肝、肾肿胀。心外膜见出血斑,心肌变性。血液凝固不良,呈巧克力色或酱油色。

【诊　断】 ①根据临床症状,剖检病变,尤其给猪喂了含有亚硝酸盐的饲料,或喂了用锅闷煮的青绿饲料,喂后不久死亡,可初步确诊。②取剩余饲料的液汁或胃肠内容物1滴,滴于滤纸上,加10％联苯胺溶液1～2滴,再加10％醋酸溶液1～2滴,滤纸为棕色,可判为阳性。③待检饲料放于试管内,加10％高锰酸钾溶液1～2滴,搅匀,再加10％硫酸1～2滴,充分摇动,高锰酸钾变为无色则判为阳性。④取少许血液放于小试管内,振荡,健康猪血由于血红蛋白与氧结合变成鲜红色,变性的血红蛋白仍为暗褐色。如再滴加1～3滴氰化钾或氰化钠,血液可由暗褐色转为鲜红色,可判为亚硝酸盐中毒。

【防　治】

1. 预防　①对于青绿饲料不要堆放，一定要摊开放。煮青饲料时，不要盖锅盖，应不断搅拌，煮熟后也不要放在锅内过夜，待饲料冷却后放于缸内或桶内，最好当天喂完。②对于堆积发热、腐烂的蔬菜、瓜藤等千万不能喂猪，否则会引起中毒。③对于快要收割的饲料，禁止施用硝酸盐化肥，以免增加青绿饲料硝酸盐的含量。④在大型猪场，对于可疑饲料和饮水，在临用前要进行简易化验，可避免本病发生。

2. 治疗　①取 1% 美蓝溶液 0.1～0.2 毫克/千克体重，静脉或肌内注射。但应注意，美蓝用量不要过大。②10%～25% 葡萄糖溶液 300～500 毫升，同时加维生素 C 10～20 毫克/千克，1 次静注。③甲苯胺蓝 5 毫克/千克体重，配成 5% 溶液，静脉或肌内或腹腔注射。也可用 0.02% 高锰酸钾溶液洗胃，然后再灌服 2～3 个鸡蛋清。④对症治疗，如心脏衰弱，可用 10% 安钠咖 3～5 毫升，肌内注射。对病重的猪也可断尾放血。硫酸阿托品每千克体重 0.14～0.16 毫克，静脉注射。

第六章　仔猪普通病的防治

一、仔猪内科病

(一)感　冒

仔猪感冒是由于仔猪受寒冷刺激而引起上呼吸道粘膜发炎的一种急性、全身性疾病。本病的特征是咳嗽,鼻塞,流鼻涕,体温升高。

【病　因】　①由于天气突然变化,受寒冷的刺激,冬季猪舍保温不好,饲养管理不善,春、夏出汗后,风吹雨淋等,均可降低猪的抵抗力,使呼吸道的常在菌乘机大量繁殖,从而导致本病的发生。②本病一年四季均可发生,但秋、冬两季多发。仔猪比成年猪易感性强,多为散发。

【临床症状】　病猪体温升高至40℃以上。怕冷,喜钻草堆。精神委靡不振,食欲减退。鼻盘干燥,皮温不整,耳尖、四肢末梢发凉。咳嗽,打喷嚏,流鼻涕是本病的特征。眼结膜潮红,多眵,羞明流泪。呼吸困难,脉搏增数。口色稍红,舌苔薄白。严重病例,卧地,拒食。

【诊　断】　①根据临床症状如咳嗽,打喷嚏,流清鼻涕及发热,并结合天气变化,可确诊。②本病应与流行性感冒相区别。本病发病率低,多为散发,没有传染性,多在仔猪抵抗力降低时发病。而流行性感冒为传染病,一旦发生会大流行,而且传播迅速,使全场猪很快发病。

【防　治】

1. 预防　①加强饲养管理,让哺乳仔猪吃足奶,断奶仔猪供给全价饲料,提高机体抵抗力。②对仔猪一定做好防护工作,尤其是气候骤变,秋末冬初要做好猪舍的防寒保暖工作,猪在春、夏出汗后防止风吹雨淋,可预防本病的发生。

2. 治疗　①解热镇痛,可用30%安乃近或安痛定注射液5~10毫升,肌内注射。或扑热息痛,每次1~2克。或口服阿司匹林2~5克。②用抗生素或磺胺类药物防止细菌继发感染。如氨苄青霉素0.5克,肌内注射,每天2次,连用2~3天。此外,也可用链霉素、复方新诺明等治疗,效果也很好。③中药可用柴胡注射液3~5毫升,肌内注射,1天2次。或用紫菊注射液10~20毫升,肌内注射,每天1~2次,用于祛风散寒。

(二)肺　炎

仔猪肺炎是肺实质发炎,由于肺泡内渗出物增加,使呼吸功能障碍而引起的疾病。本病分为大叶性肺炎和小叶性肺炎。

【病　因】

1. 大叶性肺炎　也叫格鲁布性肺炎或纤维素性肺炎。①主要由于天气寒冷,吸入刺激性气体,过劳,营养不良,猪体衰弱,使病原微生物侵入肺内,很快繁殖。②由于患猪瘟、猪流感、猪肺疫等疾病,也会引起大叶性肺炎。

2. 小叶性肺炎　也叫支气管炎或卡他性肺炎。①饲养管理不好,卫生条件差,通风不良,过度疲劳,体弱,吸入刺激性气体等因素,呼吸道常在菌大量繁殖以及病原菌大量侵入而诱发。②猪丹毒、猪瘟、猪肺疫、猪流感、猪蛔虫病等,也可能继发本病。

【临床症状】

1. 大叶性肺炎 病仔猪精神沉郁,体温升高达 41℃左右,持续 6～9 天,呈稽留热。脉搏增数。食欲减退或拒食。喜卧、怕冷。眼结膜潮红,皮温不匀。呼吸困难,呈腹式呼吸,气喘,咳嗽。鼻流出脓性、铁锈色鼻液。粪便干燥。肺部听诊有啰音,或捻发音。

2. 小叶性肺炎 病猪精神沉郁。体温升高 1.5℃～2℃,呈弛张热或间歇热。脉搏增数,每分钟达 100 多次。呼吸困难,增数。食欲减少或不食。眼结膜发红或呈蓝紫色。鼻液呈浆液性、粘液性或脓性,恶臭。咳嗽为突出症状,初为干咳,后为湿咳,听诊时有干性或湿性啰音。胸部能听到捻发音。

【病理变化】

1. 大叶性肺炎

(1)渗出期 肺叶增大,肺充血、水肿,呈暗红色,质地变实,弹性下降。切面呈红色,光滑湿润,指压时流出血样泡沫液体。

(2)红色肝变期 肺明显肿大,组织致密、坚实,表面呈紫红色,切面呈颗粒状突出,如花岗石样外观。肺胸膜和肋胸膜增厚,覆有纤维蛋白假膜。肺肋胸膜粘连。

(3)灰色肝变期 由红色肝变期而来。由于脂肪变性和白细胞的渗入,肺外观呈灰色或灰黄色,切面如灰色花岗石样。

(4)溶解期 病变逐渐溶解、液化和吸收,损伤肺组织经再生而修复。此时,肺大小正常,色泽变淡,质地变软,切面有粘液性或浆液性液体。

2. 小叶性肺炎 肺小叶发炎,坚实,开始为暗红色后为灰红色。切面呈不同颜色,新的炎症区为红色或灰色,久的病变区为灰黄色或灰白色。同时有大小不等、颜色不同的病灶。挤压时流出红色或浆液性液体。病灶及周围组织炎性水肿。支气管粘膜充血、水肿。肺表面、切面见有融合性、化脓性、腐败性肺炎。

【诊　断】

1. **大叶性肺炎**　根据临床症状，如高热稽留，铁锈色鼻液，咳嗽，呼吸困难，X 线检查有大面积阴影。剖检变化如肺有红色或灰色肝变区，切面如红色花岗石样外观，可以确诊。

2. **小叶性肺炎**　根据临床症状，如弛张热，干咳或湿咳，流鼻液，胸部叩诊有局灶性浊音区，听诊有捻发音；剖检肺表面和切面有炎症变化；X 线检查有散在的局灶性阴影，可以确诊。

【防　治】

1. **预防**　①加强饲养管理，提高仔猪抗病力。要搞好舍内的清洁卫生和消毒工作。注意天气变化，冬季要做好防寒保暖工作。猪舍要通风、透光，保持干燥。②对猪群要经常观察，注意防治猪瘟、猪流感、猪肺疫、蛔虫病等，可预防本病发生。

2. **治疗**

(1)**大叶性肺炎**　①新胂凡纳明(九一四)，每千克体重 0.015 克，溶于葡萄糖盐水内，缓慢静脉注射。但在用此药前 30 分钟注射安钠咖为好。②也可用青霉素、链霉素、土霉素肌内注射，口服氨苯磺胺、磺胺二甲嘧啶或长效磺胺。③静脉注射 10% 氯化钙溶液，制止渗出。口服利尿剂，促进炎性渗出物的排出。

(2)**小叶性肺炎**　①青霉素 40 万～80 万单位，肌内注射，6 个小时注射 1 次；链霉素 50 万～100 万单位，肌内注射，每天 1 次，连用 3～5 天。也可用红霉素、磺胺二甲嘧啶等进行治疗，效果也很好。②10% 安钠咖 2～10 毫升，肌内注射。

50％葡萄糖溶液 10～100 毫升,生理盐水 200～300 毫升,静脉注射。

(三)胃 肠 炎

仔猪胃肠炎是由于胃肠粘膜及粘膜深部组织发炎而引起的疾病。本病的特征是消化紊乱,腹泻,腹痛,发热,毒血症。

【病　因】　①饲养管理不善,饲料调配不当,饲料发霉变质,饮水不洁,饲料及饲养方式突然改变等。②各种有毒物质的作用,如农药、有毒植物、真菌毒素、化学毒物等。③一些传染病,如传染性胃肠炎、流行性腹泻、猪痢疾、仔猪白痢和仔猪黄痢、球虫病、蛔虫病等,均可继发胃肠炎。长期滥用抗生素,使胃肠道菌群失调,也会引发本病。④一些内科病,如肠便秘、肠变位、肾脏病等,也可继发胃肠炎。本病仔猪多发,成年猪较少发生。

【临床症状】　初期多为消化不良,以后逐渐加重。病仔猪精神不振,呆立或喜卧。食欲减退或拒食。体温升高至 40℃以上。脉搏增数。呼吸促迫。眼结膜发红、黄染,有出血点。脱水,口腔干燥,舌面皱缩,口臭。剧烈腹痛,有的猪发生呕吐,粪便稍干,上面附有粘液,以后严重腹泻,粪便恶臭。初期肠音减弱,后期消失。肛门松弛,排便失禁,常为里急后重,不断努责而无粪便排出。弓背卷腹,卧地。急性胃肠炎时,由于胃液失去酸性和低氯血症,会出现痉挛和抽搐。严重时,直肠垂脱。

【病理变化】　急性胃肠炎的病猪最初胃肠粘膜肿胀、潮红,表面有浆液性或粘液性渗出物,最后粘膜出血、糜烂,甚至坏死。有的胃肠粘膜覆盖一层灰黄色或黄褐色假膜,剥去后可见粘膜肿胀、充血、出血、糜烂。也有的胃肠粘膜覆有多量脓性渗出物。胃粘膜上有大小不等的溃疡,粘膜从糜烂到穿孔。肠壁坏死,形成黄白色或黄绿色干硬假膜,剥离后可见溃疡。慢性的病例胃肠粘膜覆有灰白色粘液。胃肠壁变厚,肠腔狭窄,呈食管状外观,粗细不匀。也有的猪胃肠壁变薄,粘膜面平滑。胃肠粘膜变性后萎缩,脱落。

【诊　断】　①根据临床症状,如消化紊乱,腹泻,腹痛,发热、毒血症等,可怀疑本病。②剖检病死猪可见胃肠粘膜肿胀、潮红,有浆液性或粘液性渗出物,粘膜出血、糜烂、坏死。

【防　治】

1. 预防　①加强饲养管理,对饲料调配要适当,防止饲料发霉,饮水要保持清洁。饲料及饲养方式不要突然改变。②经常观察猪群,发现猪瘟、猪传染性胃肠炎、猪痢疾、球虫病、蛔虫病等要及时确诊和治疗。③在猪群中不要滥用抗生素,以防破坏胃肠道内正常菌群。

2. 治疗　①磺胺脒 5～10 毫克,小苏打 2～3 克,混合 1 次口服,每天 2 次。②鞣酸蛋白、次硝酸铋各 3～5 克,混合后口服,每天 2 次,用于止泻。③静脉注射 5% 葡萄糖盐水300～500 毫升,10% 维生素 C 5 毫升,10% 安钠咖 5～10 毫升,每天 1 次。④庆大霉素注射液,每千克体重 4 000 单位,交巢穴注射,每天 1 次,连用 2 天。

(四)消化不良

仔猪消化不良也叫胃卡他,俗称伤食。是胃肠粘膜表层发炎的一种消化道疾病。本病的特征是胃肠消化吸收功能减弱,食欲减退或拒食。

【病　因】　①主要因饲养管理不当所引起。如饲喂条件突然改变,饲料温度时常变化,喂食过多,时饥时饱,饲料霉变,饲料中混有泥沙或有毒物质,饮水被污染,喂了粗硬或冰冻饲料等均可引起胃肠粘膜表层发炎，而引发本病。②仔猪患有某些传染病、热性病、胃肠道寄生虫病等，均可诱发此病。

【临床症状】 病猪食欲减退，精神沉郁，渴欲增加，有舌苔，口臭。体温无变化。严重的病猪腹胀、腹痛，呕吐物酸臭。排出的粪便干硬，有时腹泻，粪内混有粘液和未消化的饲料。以胃和小肠为主的消化不良，口臭严重，舌苔厚、粘膜潮红。食欲废绝，异嗜，呕吐或干呕，便秘。以大肠为主的消化不良，粪便如水样，恶臭，混有粘液，肠音亢进，病程稍长，病猪消瘦明显。

【病理变化】 病程短的无明显病变。一般在胃肠粘膜上见有轻度炎症，严重的病猪可见胃肠充血。

【诊　断】 ①根据临床症状，如消化不良、腹胀、腹痛、口渴、口臭、呕吐物酸臭，可初步确诊。②饲养管理不好，饲喂条件突变，饲料温度多变，饲料发霉，饲料、饮水不洁及含有有毒物质等，可怀疑本病。

【防　治】

1. 预防 ①对仔猪加强饲养管理，合理调配饲料，防止饲料霉变。仔猪不要喂纤维素过多的粗硬饲料，饲喂要做到定时定量，防止饥饱不均。②对仔猪应经常观察，发现有传染病、热性病及胃肠道寄生虫病应及时治疗，可预防本病发生。

2. 治疗 ①硫酸钠或硫酸镁 30～80 克，或植物油 100 毫升，加水适量，1 次口服，可清肠止酵。②黄连素 0.2～0.5 克，1 次口服，每天 2 次。或磺胺脒每千克体重 0.1～0.2 克（首次加倍），分 3 次口服。此外，也可用庆大霉素、氨苄青霉素、呕吐宁等，可用于消炎止泻。③仔猪可用乳酶生、胃蛋白酶各 2～5 克，稀盐酸 2 毫升，常水 200 毫升，混合后分 2 次口服。也可用酵母片或大黄苏打片 2～10 片，拌于少量饲料内喂服,每天 2 次。或用紫皮蒜 10～20 克,捣碎加水适量,混于少量饲料中喂服,可以调整胃肠功能,使本病得到治愈。

(五)肠套叠

仔猪肠套叠是由于肠管异常蠕动,使一段肠管套入邻近肠管的一种腹痛病。本病特征为呕吐,腹痛,血样便。

【病　因】　①由于寒冷刺激或母猪乳头不卫生,使仔猪个别肠管发生痉挛性收缩,而发生本病。②因母猪营养不良,造成泌乳不足及乳的质量降低,引起仔猪饥饿和胃肠运动失调而发生肠套叠。③断奶后的仔猪,因饲养条件的改变,饲料质量低劣,也会引起胃肠运动失调,招致本病的发生。本病主要发生于哺乳仔猪和断奶不久的仔猪。

【临床症状】　病猪突然剧烈腹痛,精神不安,弓背,后肢抬高,前肢跪地。严重的病猪突然倒地后,四肢在空中划动,不断呻吟。初期,排稀便,混有血液和脱落的粘膜。病重者排出黑色稀粪,病的后期停止排粪。肠管坏死时,病猪腹痛消失,转为安静。此时精神委靡不振,虚脱。如果小肠套叠时,会出现呕吐,用手触摸腹部,套叠部的肠管呈香肠样,压迫时有疼痛感。如果有肠炎、肠坏死或腹膜炎时,体温会升高。

【诊　断】　剖检腹部时,能看到套叠的肠段。主要以十二指肠和空肠多见,偶见空肠套入盲肠。

【防　治】

1. 预防　①对母猪应加强管理,供给充足全价饲料,尤其是青绿饲料,使母猪有足够高质量的奶供给仔猪。②在寒冷季节产出的仔猪应加强护理,保持舍内的温度,哺乳前对母猪的乳头进行擦洗和消毒。③对于刚断奶仔猪要精心护理,供给优质饲料,减少应激刺激,以控制本病的发生。

2. 治疗 ①对病猪应对症进行治疗,如镇静、灌肠等,尽量让其自行恢复。②对于病情严重的病猪,应尽快地进行手术治疗,才是良策。

(六)肠便秘

仔猪肠便秘是由于肠弛缓,内容物干涸,常引起肠阻塞。本病的明显特征为,长期做努责而无粪便排出,口渴,肠蠕动音消失。

【病　因】　①由于饲养管理不当,长期饲喂含粗纤维过多的饲料,并且饲料不卫生,混有泥土,缺乏饮水,突然改变所喂饲料等。②如果仔猪发生猪瘟、肠狭窄、慢性结核病、丹毒、感冒等传染病或寄生虫病,也会继发本病。③本病一年四季均可发生,仔猪多发,便秘部位常在结肠。

【临床症状】　病猪精神不振,食欲减少或拒食,口渴,腹部膨胀,起卧不安,腹痛,常做排粪姿势。初期排出少量粪块,并附有粘液,后期不排便。时间稍长,直肠粘膜水肿,肛门突出。触诊腹部能摸到坚硬的粪块,呈串珠状排列。听诊时肠蠕动音减弱或消失。如便秘粪块压迫膀胱颈部,则会发生尿闭。体温无变化。如果便秘时间太长,肠阻塞部位会发生坏死,肠内容物进入腹腔而引起腹膜炎,这时体温升高。

【诊　断】　①根据病猪的临床症状,尤其是排便努责而无粪便排出,可怀疑为本病。②听诊肠蠕动音减弱或消失,触诊肠管可感到干硬的粪球呈串珠状排列。剖检病死猪可见肠梗阻,多在结肠部位。

【防　治】

1. 预防　①加强饲养管理,合理配制饲料,饮水要保持清洁,不要喂粉碎不好的硬饲料。饲喂时要定时定量,避免饥饱不均。②不要突然改变饲料。多喂些青绿多汁饲料,适量增喂食盐,并且每日让猪在运动场活动。③由于猪瘟、慢性结核病、丹毒等传染病或肠狭窄等普通病也能继发本病,所以,在猪群中应经常预防这些病的发生。④平时对猪群经常观察,发现便秘应立即进行治疗,以减少损失。

2. 治疗 ①用2%小苏打水或肥皂水反复灌肠。②用硫酸镁30~80克口服,或石蜡油50~100毫升口服。③新斯的明2~5毫克,或2%毛果芸香碱0.5~1毫升,皮下注射,以促进肠管收缩,排出粪便。④用20%安乃近注射液3~5毫升,肌内注射,进行镇痛。⑤10%安钠咖2~10毫升,肌内注射,可达强心目的。⑥在排便恢复期,应及时补糖输液,喂一些青绿多汁饲料。

(七)新生仔猪溶血病

新生仔猪溶血病也叫仔猪溶血性黄疸。是由于公母猪血型不同而引起仔猪的一种免疫性疾病。本病的特征为贫血,黄疸,血红蛋白尿。

【病 因】 ①由于公母猪血型不适合配种,母猪妊娠后,胎儿体内具有遗传性的抗原物质,通过胎盘进入母体血液,产生一种破坏仔猪红细胞的免疫物质,即特异性凝集抗体和溶血性抗体。母猪怀孕后期,这种抗体进入母猪血液,产前进入初乳。②新生仔猪生下后吸吮初乳时,这种抗体进入仔猪血液,产生抗原抗体反应,使仔猪血液遭到破坏,发生溶血病。本病常是个别仔猪发生,但病死率为100%。

【临床症状】 仔猪生下后一切正常,当吃初乳后数小时全窝发病。病猪表现拒食,全身苍白,眼结膜和齿龈粘膜黄染,怕冷,全身震颤,被毛粗糙、逆立,身体衰弱,后躯摇摆。粪便稀薄,尿为透明红色或暗红色。体温 39℃～40℃。病程 1～2 天。病死率 100%。但该母猪代喂其他窝哺乳的仔猪均生长良好,从未见发生本病。

【病理变化】　病仔猪全身黄疸。肝肿胀,脾稍肿大,呈褐色。肾肿大、充血。膀胱内见有暗红色尿液。

【诊　断】　①根据仔猪生后正常,吃奶后全窝发病,心跳、呼吸加快,但体温正常,1～2 天死亡;其他窝仔猪吃此母猪的奶一切正常,可初步确诊。②病仔猪血沉加快,血浆变红,红细胞数降至 1×10^{12}/升至 3×10^{12}/升,黄疸指数增高,血清胆红质间接反应阳性。

【防　治】

1. 预防　①母猪配种前,应了解公猪配种后所生仔猪是否有溶血现象,如有则不能用该种公猪配种,可用其他公猪配种,能预防本病发生。②如果发现仔猪生病后,应立即停喂全窝仔猪的母乳,转为其他母猪代为哺乳或改用人工哺乳。如果人工定时挤出母猪乳扔掉,经过 3 天后的母猪乳可再喂本窝仔猪。③如果有两头产仔期相近的母猪均很温驯,也可将整窝仔猪调换哺乳。

2. 治疗　①本病目前没有有效的治疗方法,多为对症治疗。②发病仔猪每头肌内注射维生素 C 和氢化可的松各 2 毫升,每天 1 次,连用 2～3 天。有一定疗效。③对症治疗可用 10%葡萄糖溶液、10%安钠咖、乌洛托品、维生素 K,用以强心,利尿,加速排出血中抗体等。

(八)新生仔猪假死

新生仔猪假死也叫新生仔猪窒息。是由于刚产出的仔猪呼吸障碍或仅有心跳而无呼吸所引起的仔猪一种假死症。本病的特征为有心跳而无呼吸,呈假死状。

【病　因】　①母猪产前营养不良,体质瘦弱,贫血;或母猪过度劳累,患有慢性疾病等。②母猪体内含氧量不足,胎儿体内二氧化碳含量增多,过早的引起呼吸反射,吸入羊水,造成仔猪呼吸障碍。③母猪分娩时间过长,胎儿不能及时产出,由于胎盘血液循环减弱,甚至停止,使胎儿得不到足够的氧气,而发生假死。④母猪子宫强直性痉挛,脐带缠绕仔猪,胎盘血液循环障碍等,均可造成新生仔猪窒息。

【临床症状】　严重假死的仔猪呈死亡状,粘膜苍白,反射消失,呼吸停止,全身松弛,卧地不动。口、鼻腔内有粘液堵塞,只有轻微的心跳。假死轻微的仔猪,粘膜发绀,舌脱出口外,全身软弱无力。口腔和鼻腔充塞粘液。呼吸不均匀,有时张口呼吸,有时呈气喘状。心跳快速、微弱。肺部听诊有湿性啰音,尤其是喉和气管较明显。如倒提新生仔猪时,会从口腔和鼻腔流出粘液。本病在母猪产仔接产时会时常遇见,应引起重视。

【诊　断】　根据新生仔猪产出后出现死亡状,无呼吸仅有心跳,或有轻微的呼吸,可以确诊。

【防　治】

1. 预防　①对怀孕母猪加强饲养管理,供给全价饲料,尤其是各种维生素和微量元素供应要充足,提高其抵抗力。②在产前对怀孕母猪经常检查,发现有慢性病及寄生虫病等应尽早治疗。③母猪在产前应减少应激刺激,给予临产的宽松环境。

2. 治疗　①发现死亡状的新生仔猪,术者立即一手将仔猪倒提,另一只手拍打仔猪的背部,将口腔和鼻腔及呼吸道内的粘液和羊水倒流出来或用手指将其掏出,并擦净仔猪全身。②给新生仔猪做人工呼吸,即在仔猪脑部有节律的轻轻按压。

③用酒精刺激仔猪鼻端或鼻粘膜,引起反射。④给仔猪皮下或肌内注射尼可刹米注射液1毫升(0.25克)。⑤用毫针针刺仔猪的山根(人中)穴、鼻中穴,也有一定疗效。⑥在接产中,对母猪子宫强直性痉挛和脐带缠绕仔猪,应做好防护工作。

(九)中 暑

仔猪中暑是由于仔猪在夏季受强烈的日光照射,气候炎热而引起急性体温过高的一种疾病,是日射病和热射病的总称。本病特征为发病急,高热,昏迷,呼吸促迫。

【病　因】　①在炎热的季节,由散养或者长途运输时,日光直接照射猪的头颈部,引起脑和脑膜充血,血管运动中枢和呼吸中枢麻痹及热调节功能紊乱,使机体散热不完全,常引起日射病。②由于气温过高,通风不良,猪舍内猪只密度过大,或长途密集驱赶,或用密闭货车运输仔猪,而且饮水不足,使仔猪产热过多,不能及时散发,而使血管运动中枢、呼吸中枢及体温调节中枢功能紊乱,而发生热射病。本病多发生在炎热的夏季6～9月份。

【临床症状】　仔猪发病突然,精神沉郁,体温升高达42℃以上。呼吸困难,张口喘,流涎,口吐白沫。站立不稳,间断性兴奋,全身出汗。眼结膜潮红或发紫。食欲废绝,渴欲增加,常有呕吐。心跳加快,心律失常。呼吸促迫,呈犬坐式呼吸,狂躁不安。最后,瞳孔先散大后缩小,身体剧烈颤抖,倒地,呈昏迷状态,四肢呈游泳状划动。病程在12小时或1～2天死亡。

【病理变化】　病死猪可见肺水肿,脑及脑膜高度充血、水肿。

【诊　断】　①根据在炎热的夏季,病仔猪出现的临床症状,可以怀疑为本病。②如将病猪放于阴凉处,用凉水浇洒头部和全身,症状消失或减轻,可确诊。

【防　治】

1.预防　①夏季猪放牧时应在早晨或傍晚,避开日光强烈的中午。运输仔猪时要用敞蓬车,供给充足饮水,避开阳光强烈的中午,最好夜间运输。②在盛夏,对仔猪要加强管理,猪舍要通风良好,供给充足的饮水。搞好舍内的清洁卫生,饲养的密度要适中,可避免本病的发生。

2.治疗　①发现中暑后,应立即将病猪放于阴凉通风的地方,用凉水浇洒头部及全身。②用冷水反复灌肠。同时,要从猪尾尖、耳尖放血 50～100 毫升,大猪可放 100～300 毫升。③用 5％葡萄糖盐水 200～300 毫升,地塞米松 5～20 毫克,静脉注射。④口服十滴水 10～20 毫升。同时注射安钠咖强心。⑤中草药可用甘草 45 克,淡竹叶 30 克,煎水,1 次灌服。

（十）应激综合征

仔猪应激综合征是由于仔猪的机体受到内外环境因素的刺激而引起的全身非特异性反应。本病的特征为局部肌肉颤抖,极度兴奋好斗,皮肤发绀,急性死亡。

【病　因】　主要是仔猪受到体内外多种因素的刺激,如舍内仔猪密度过大,温度过冷过热,去势,长途运输,母仔分离,抓捕,打预防针,噪声,惊吓,以及用药等,都会引起仔猪应激反应,甚至引起急性死亡。

【临床症状】　发病仔猪眼球突出、震颤,眼光锐利。皮肤由发白、发红转为发绀,有充血斑。局部肌肉如背部、腿部和尾根肌肉颤抖。驱赶时,呼吸急迫,心跳亢进。精神极度兴奋,好斗。间歇性高热。运输中途极易死亡。

【病理变化】 病死猪的肌肉苍白,柔软,汁液多。有的病例肌肉呈干性暗色的病灶。病猪死后尸僵迅速,但肌肉温度升高。背、腿、腰、肩部的肌肉最易受害。

【诊　断】 根据病史和临床症状,如突然死亡,肌肉震颤,体温间歇高热,心跳加快,肌肉僵硬等,可以确诊本病。

【防　治】

1. 预防 ①选育优良品种猪群并科学饲养,及时淘汰应激敏感猪。②对仔猪应减少各种应激刺激,如猪舍内饲养猪的密度不要过大。舍内的温度夏天不要过热,冬季不要过冷。母仔分群时不惊吓,采取诱导的办法。给仔猪去势时尽量减少刺激,在猪舍附近要消除噪声。运输仔猪时,可肌注氮哌酮注射剂,每千克体重 0.4～1.2 毫克。

2. 治疗 ①对于早期病猪应立即挑出来单独饲养,加强饲养管理,供给全价饲料,减少应激,可能自愈。②对于症状严重的病猪,可用静松灵注射液,每千克体重 0.5～1 毫克,肌内注射,可达镇静的目的。同时供应维生素 A,维生素 E,维生素 C 和微量元素硒,以提高抗应激能力。

二、仔猪外科病

(一)创　伤

仔猪创伤是在外力的作用下,体表组织的完整性受到破坏的一种损伤。本病的特征为创口裂开,出血,疼痛和功能障碍。

【病　因】 ①因皮肤受到粗糙面的摩擦而引起浅表性损伤,称为擦创。②由细长锐利物体刺入组织而造成的为刺创。③切创是由锐利器械割破组织而造成的。挫创由钝性外力作用而造成。④撕裂创是由钩、钉等器械刺入组织后,在钝性外力作用下发生的创伤。上述创伤的发生,有人为的,也有外界条件不好而引起的。如猪舍内的栏杆上有钉子尖,或用具如刀、铁锹从空中掉下而碰伤。总之,创伤是由于管理不善而造成的。

【临床症状】

1. 出血　出血有原发性出血和继发性出血,内出血和外出血,静脉出血和动脉出血,大血管出血和毛细血管出血。由于受伤部位不同,出血的程度也不一样。

2. 创口裂开　因创伤造成组织断离和收缩而使创口裂开。创口裂开的大小与受伤部位、创口方向、长度和深度有关。裂开的创口易感染,不能很快愈合。

3. 疼痛和功能障碍　由于神经受到损伤和炎性刺激而引起疼痛,神经多的部位受到创伤疼痛更为严重。因疼痛和受伤的组织遭到破坏,常出现功能障碍。

【防　治】

1. 预防　①对仔猪要加强管理,供给全价饲料,尤其是补足维生素和微量元素。搞好舍内卫生,防止拥挤,通风换气,防止仔猪间相互啃咬。②对于舍内的一切锐利、有刃的工具,饲槽和栏杆上面的钉子及时处理,防止刺伤、切伤、砍伤等发生。

2. 治疗　①要及时止血。创伤大出血时应采取压迫、钳夹、结扎进行止血,也可视需要进行全身性止血处理。②将灭菌纱布覆于创面,剪去周围被毛,再用70%酒精棉反复擦拭创缘皮肤。③用生理盐水或0.1%高锰酸钾溶液清洗创围。④可用0.1%新洁尔灭溶液、3%过氧化氢溶液清洗创面。⑤

对于创伤内的异物、创囊、凹壁等通过手术清除。⑥对于新鲜创面或清创手术后的创伤,可用1∶9碘仿磺胺粉撒于创面。⑦化脓创,首先清洁创围,冲洗创腔后,再扩大创口,除去深部异物,切除坏死组织,排除脓汁。用10%硫酸钠溶液或10%水杨酸钠溶液灌注、引流或湿敷。对化脓较轻的,可用魏氏浸膏进行灌注或引流,处理后不用包扎。

(二)直肠脱和脱肛

仔猪直肠后段全层脱出肛门之外,叫直肠脱;直肠后段的粘膜脱出肛门之外叫脱肛。

【病　因】　①由于仔猪营养不良,运动不足,突然改变饲料和维生素缺乏,可引起本病的发生。②由于仔猪直肠韧带松弛,直肠粘膜下层组织和肛门括约肌松弛,也会引发本病。仔猪长时间便秘、腹泻、病后瘦弱,也可诱发本病。

【临床症状】　发病初期,仔猪排粪时直肠粘膜从肛门向外翻出,但仍可自行缩回。时间一长,由于肠粘膜发炎、水肿,不能缩回而脱垂于肛门之外,肿胀呈淡红色或暗红色圆球形。随着炎症和水肿的发展,直肠壁全层脱出,在肛门之外形成圆筒状下垂的肿胀物。由于脱出的肠管被肛门括约肌压迫,而使血液循环障碍,水肿更加严重。因受外界污染,表面污秽不洁,甚至粘膜出血、糜烂、坏死和继发损伤。病猪伴有全身症状,如体温升高、不断努责、呈排粪姿势。

【防　治】

1. 预防　①对断奶仔猪应加强饲养管理,多喂些青绿饲料和蛋白质饲料,每天要放于运动场活动。②平时要对仔猪群经常观察,发现便秘或腹泻的仔猪要及时治疗,以控制本病发生。

2. 治疗 ①直肠脱出后必须及时整复。先用 0.1％高锰酸钾溶液洗净脱垂肠管,再用油类润滑粘膜,提起猪的后腿,小心地将其推入肛门内。如肠管水肿严重、粘膜坏死,应将其剪掉,但不要损伤肌层。然后用针扎刺水肿的粘膜,用纱布包起,挤出水肿液,将脱出的直肠送入肛门内。如症状较轻,直肠脱可用肛门周围注射酒精的方法治疗。将直肠整复后在肛门上下左右 4 点注射,深度为 2～5 厘米,注前先将食指伸入肛门内,以肯定针头在直肠外壁周围而后注射。每点注射 95％酒精 0.5～2 毫升,通常注射后不久就不再脱出。②对于严重脱肛的仔猪,将直肠洗净还原后,对肛门进行荷包式缝合,但不要太紧,否则妨碍粪便排出。不过缝合太松又不起作用。整复后 1 周内给予易消化饲料,多喂青绿饲料,如 2～3 天内粪便不通,要进行灌肠。③如果脱垂的直肠水肿、糜烂特别严重,不能整复时,必须进行直肠截断术。术后对猪要用抗菌药物治疗,以达到消炎的目的,控制全身变化,同时要喂容易消化的饲料。

(三)湿 疹

仔猪湿疹是由于仔猪表皮轻度过敏发炎的一种皮肤病。本病的特征为皮肤发炎、浸润、增厚、瘙痒和擦伤。

【病　因】　①猪舍潮湿,卫生条件极差,被毛不洁,沾满污泥以及体外寄生虫等。②仔猪不断摩擦,暴晒,涂擦刺激性药物,吸血昆虫如蚊、虻等叮咬,口服药物及长期喂某种饲料等也会引发本病。③仔猪患有某种疾病,如便秘、胃肠卡他、内分泌紊乱及缺乏某种维生素都会发生此病。本病在春、夏仔猪多发。

【临床症状】

1. 急性型 病猪瘙痒不安,皮肤上见有红斑、丘疹、水疱,不断有浆液性渗出物。发生感染后转为浆液脓性,伴有糜烂、结痂和鳞屑等病变。多在腹部、股内侧、胸部、背部和尾根等处出现病变。

2. 慢性型 皮肤粗厚,瘙痒,毛粗而干,渗出液少,鳞屑增多。病程长的病例,食欲减退,消化不良,日渐消瘦,体弱。如混合感染会引起死亡。

【病理变化】 皮肤充血,潮红,指压褪色,轻度肿胀。以后出现数量、大小不等的丘疹。随后丘疹内充满透明的浆液成为水疱。如水疱被化脓性细菌感染,则转变为脓疱。脓疱破后,露出鲜红的糜烂面。后期形成淡黄色、黄褐色或暗红色痂皮。最后痂皮脱落,新生上皮增殖和角化,脱屑。慢性病猪皮肤增厚,被毛干燥。

【诊　断】 ①根据本病有一定季节性,春、夏多发,突出的症状是皮肤瘙痒和特征性的病变,可初步确诊。②怀疑本病后,可用药物进行治疗性诊断。③本病应与皮肤寄生虫病,如螨病等进行鉴别诊断。

【防　治】

1. 预防 ①对于仔猪应加强饲养管理,搞好舍内的清洁卫生,尤其是舍内的粪尿应及时清除。猪舍要通风换气,保持舍内干燥。经常检查猪的皮肤,发现有寄生虫应立即隔离治疗。②仔猪不要长期饲喂一种饲料,一定要供给全价的饲料,才能预防本病的发生。

2. 治疗 ①强力解毒敏注射液,每千克体重 0.1~0.2 毫升,皮下或肌内注射,隔日 1 次,连用 2~4 次。②用中药防风、蛇床子、苦参、黄柏,花椒子、艾叶各 15 克,水煎,候温洗患部。③在患部剪毛后用高锰酸钾溶液冲洗,然后再用硫磺软膏或氢化可的松软膏涂擦。④取双花、板蓝根各 200 克,共为细末,每次用 25 克拌料喂母猪,每天 2 次,连用 5～8 天,对哺乳仔猪湿疹有良效。

(四)脓 肿

仔猪脓肿是由于在仔猪的组织和器官内形成内存有脓汁,外有包膜包裹的局限性感染病灶。在仔猪的颈部和四肢多见。

【病 因】 ①由于仔猪的皮肤或粘膜损伤,葡萄球菌、链球菌、绿脓杆菌、化脓棒状杆菌等生长繁殖,引起局部发炎而形成脓肿。有时随血液循环和淋巴循环而侵入新的组织和器官,也会形成脓肿。②注射药物时没有严格消毒,还会引起注射部位发生脓肿。③注射氯化钙、水合氯醛、砷制剂等刺激性药物漏于血管外,也可形成脓肿。

【临床症状】 脓肿有深浅之分。浅的略高于体表,出现红、肿、热、痛的典型炎症症状。压迫时坚实,有痛感。以后中心日渐软化,皮肤变薄,被毛脱落,触摸时有波动感,之后破溃排出脓液。也有的脓肿无热痛,俗称冷性脓肿。深部脓肿多发生于深层肌肉、骨膜、腹膜下及内脏器官,症状一般不明显,有压痛,无明显波动。如脓肿在内脏,破溃后会引起全身症状,如脓毒症、脓毒败血症等。小的脓肿,脓汁可被吸收、钙化而自愈。大的脓肿破溃后会使脓汁浸入表层组织,甚至引起新的脓肿和蜂窝织炎。

【诊 断】 ①浅表性的脓肿具有红、肿、热、痛,有波动感,很容易确诊,深部脓肿必须进行穿刺才能确诊。②本病应与血肿、肿瘤、淋巴外渗、腹壁疝等鉴别诊断。

【防　治】

1. 预防　①经常观察猪群,发现猪的皮肤和粘膜有外伤时,应及时处理。②对于舍内的器具、栏杆等易造成猪皮肤损伤的因素均应除去,可预防本病发生。③给仔猪打针时,对注射针头、皮肤均应进行彻底消毒,才能防止感染。④给猪注射刺激性药物如氯化钙等,千万不能漏于血管外,以防刺激注射部位,产生脓肿。

2. 治疗　①在脓肿初期,可在患部热敷或注射抗菌药物。如炎症不能消散,为使脓肿早日成熟,可涂擦鱼石脂软膏。②脓肿虽已成熟但未破溃,可在波动明显处用手术刀切开,排除脓汁,再用0.1%新洁尔灭溶液反复冲洗脓腔,洗净后用0.1%雷夫奴尔溶液纱布填塞,进行引流,同时进行全身治疗。③活蚯蚓、红糖等量混合,捣烂如泥,敷于患处,每天换药2次。

(五)蜂窝织炎

仔猪蜂窝织炎是指仔猪的皮下、肌膜下或肌间的疏松结缔组织发生急性弥漫性化脓性炎症。本病的特征为炎症沿蜂窝组织扩散蔓延,进行性感染,没有形成明显的脓肿膜。伴有全身症状。

【病　因】　①由于给仔猪注射疫苗或药物时对皮肤和针头消毒不严,而使葡萄球菌、链球菌等感染注射部位。②使用刺激性强的药物如松节油、水合氯醛、氯化钙等,漏注或误注,也可能引起本病。③由于邻近组织或器官化脓性感染的直接扩散,或通过血液和淋巴组织转移,均可引发本病。

【临床症状】

1. 全身症状　仔猪精神不振,食欲减退,体温升高,眼结膜潮红,呼吸浅表。心跳加快,四肢发冷。明显消瘦。由于细菌或毒素散布于全身,常引起败血症、毒血症和脓毒症等,重者会引起死亡。

2. 局部症状　局部大面积肿胀。开始呈捏粉状,后稍有坚实感。局部肿胀明显,触摸柔软,有波动感。疼痛,功能障碍。如病情严重,感染向深部和四周扩散,症状加重。局部组织坏疽、破溃,流出腐败恶臭的脓液。

【防　治】

1. 预防　①给仔猪治疗或注射疫苗时,注射器、针头及注射部位皮肤,要严格消毒。②使用刺激性强的药物一定严加注意,千万不能漏注或误注。③对猪只经常检查,发现有化脓性感染应及时治疗,以防直接扩散,可预防本病发生。

2. 治疗

(1)全身疗法　①可用青霉素、链霉素、四环素和磺胺类药物进行消炎。②用氯化钙、氯化钠、葡萄糖等静脉注射,进行解毒。③用 5% 小苏打溶液 300 毫升,静注,1 天 1 次,连用 3～5 次,预防酸中毒。另外,也可对症治疗,如强心、输血等。

(2)局部疗法　①首先用 0.5% 盐酸普鲁卡因青霉素溶液封闭,以防炎症扩散。同时用 90% 酒精或 1% 鱼石脂酒精进行冷敷。②为了促进炎性产物吸收,可用醋酸铅明矾液或栀子浸液温敷。③严重的病例用手术切开法,在术部剪毛、消毒、麻醉,切开后排脓,用防腐消毒液或生理盐水反复冲洗,最后用中性盐类高渗溶液浸纱布条做引流。创口一般不用包扎。

（六）疝

仔猪疝也叫赫尔尼亚。是由于腹部内脏从自然的孔道或损伤后的破裂孔脱出到皮下、肌肉或其他腔、孔的一种疾病。由于发生部位不同，有脐疝、腹股沟阴囊疝、外伤性的腹壁疝。最常见的为脐疝。

【病　因】　①由仔猪的脐孔闭锁不全或完全没有闭锁，如果仔猪被捕捉、奔跑、便秘、吃得过饱等，使腹压增加，肠管从脐部脱出到皮下形成脐疝。②腹股沟内口过大，常发生腹股沟阴囊疝。公仔猪的腹股沟阴囊疝有遗传性，多在出生时或出生后几个月发生。后天性发生主要由于腹内压增高所致。③如有机械性外伤、冲撞、踢打，使腹壁肌肉、腱膜等发生破裂，可造成肠管从破裂处脱出到皮下而形成腹壁疝。

【临床症状】　仔猪多发脐疝，在仔猪的脐部出现一个鸡蛋大或拳头大、半圆形肿胀，柔软，将仔猪仰卧或以手按压时，肿胀缩小或消失，并能摸到脐带孔。当仔猪饱食或挣扎时，脐部肿胀增大。对肿胀部听诊能听到肠蠕动音。病猪精神食欲正常。如果肠管被嵌闭在脐孔中，会发生嵌闭疝。出现肿胀硬固，有热痛，不安，食欲减少，呕吐，排粪减少，肠臌气，心跳加快，疝囊损伤，破溃化脓等症状。如果仔猪发生腹股沟阴囊疝时，在猪的一侧或两侧阴囊膨大，可摸到疝的内容物（多为小肠），也可摸到睾丸。也有的猪肠管与囊壁粘连，变成嵌闭性疝。此时病猪会出现极度不安、厌食呕吐、排粪减少等全身症状。如在腹壁上见到球形或椭圆形大小不同的肿胀，触摸柔软，并能发现腹部肌肉破裂部位，听诊时还能听到肠蠕动音，这是典型的腹壁疝。

【防 治】

1. 预防　①对猪群保持安静，避免惊吓，发现便秘尽快治疗。平时仔猪不要吃得过饱。②圈舍内减少引起外伤的因素，避免猪只冲撞，阉割时尽量减少应激刺激。

2. 治 疗

(1)保守疗法　将局部用绷带压迫，或贴一块大的胶布，脐孔可能闭锁而愈合。同时，在疝孔周围用10％～15％氯化钠溶液分点注射，每点3～5毫升，或者注射95％酒精或碘液，以促进疝孔周围组织发炎形成瘢痕，使疝孔闭合。

(2)手术疗法　手术前停食1天。猪仰卧保定，术部剪毛、洗净，涂以碘酊消毒，再用10％普鲁卡因溶液10～20毫升做浸润麻醉。术者切开皮肤，将肠管送回腹腔，多余的囊壁及皮肤做对称切除，疝环做袋形缝合，封闭疝孔，创口撒消炎药，对皮肤再做结节缝合，外涂碘酊消毒。但必须注意的是，切开皮肤后千万不能损伤腹膜、阴茎和疝囊。腹壁疝的手术与脐疝相同。腹股沟阴囊疝的手术，局部与脐疝相同。助手将猪的后肢提起，术者切开阴囊暴露鞘膜管，将鞘膜腔内的肠管送入腹腔。在嵌闭性疝时常有脓气和粘连，必须小心剥离，千万不能碰破肠管。还纳全部肠管后，在总鞘膜和精索上打一个去势结，并缝在腹股沟环上缘两侧，结扎，切断。在切口内撒布消炎药，缝合皮肤，最后用碘酊消毒。术后要加强护理，不要立即喂饲，喂饲料量要先少喂，逐渐增加，保持安静，不要剧烈运动，以防手术失败。

附录 1 仔猪消化道、呼吸道及全身疾病鉴别诊断

附表 1 哺乳仔猪腹泻性疾病的鉴别诊断

疾病名称	发病日龄	腹泻特征	其他症状	剖检特点
猪传染性胃肠炎	10日龄以内的仔猪发病重,断奶仔猪、育肥猪和成年猪发病较轻	粪便呈淡黄色、褐色水样,并具恶臭味	呕吐,脱水,发病率高,多发于寒冷季节,7日龄以内的仔猪病死率几乎为100%	胃有不同内容物,肠中有黄色、褐色液体,肠管充血,胃壁出血,小肠壁薄
猪大肠杆菌病	哺乳期间任何日龄的仔猪,1～4日龄和3周龄多发	粪便呈淡黄色水样,有气泡,恶臭味	脱水,无呕吐,典型全窝感染,母猪不感染,初产母猪所生仔猪发病重	肠管充血或不充血,肠壁轻度水肿,肠管扩张,肠内充盈液体、粘液和气体
猪流行性腹泻	哺乳期间任何日龄的仔猪,哺乳后期发病较多	粪便呈淡黄色水样,褐色,恶臭味	呕吐,脱水,发病率高,1周龄仔猪病死率90%,母猪感染后腹泻、呕吐	仅有小肠病变,如小肠扩张,内充满黄色液体

疾病名称	发病日龄	腹泻特征	其他症状	剖检特点
仔猪红痢	1～3日龄仔猪多发,1周龄以上仔猪很少发病	带血性腹泻,粪便中含有坏死组织碎块	虚脱,偶见呕吐	空肠、回肠肠壁充血;肠腔内有血性液体,粘膜增厚、坏死,腹腔淋巴结出血
猪瘟	各日龄的仔猪	粪便呈水样带粘液、血液	有全身症状,病死率高,出现神经症状等,大小猪均发病	肠纽扣状溃疡,全身败血性变化,大理石样淋巴结
猪轮状病毒性腹泻	1～5周龄仔猪	水样、糊状,有黄凝乳样物	偶见呕吐,消瘦,发病率高,病死率低。缺乏母源抗体的仔猪病死率高	肠壁变薄,肠内充有液体,结肠扩张
猪伪狂犬病	各日龄的仔猪	不固定	呆滞,共济失调,呼吸困难,流涎,有中枢神经症状	坏死性扁桃体炎,肝、脾有坏死灶,肺充血,咽炎
猪副伤寒	3周龄左右的仔猪	腹泻带血和粘液	败血症,偶见中枢神经症状	胃肠道卡他、出血到坏死性炎症,实质器官和淋巴结出血、坏死

疾病名称	发病日龄	腹泻特征	其他症状	剖检特点
猪痢疾	7 日龄以上仔猪	水样腹泻,带血液和粘液	无脱水,成窝散发,病死率低,晚夏和秋季多发	病变限于大肠,肠系膜和大肠壁,充血水肿,轻度腹水,带有伪膜
猪丹毒	1 周龄以上的仔猪	水样腹泻	全身症状,病死率中到高,架子猪多发	急性败血性变化
弓形虫病	各日龄的仔猪	水样腹泻	呼吸困难,有中枢神经症状,全身症状	肠溃疡,各器官均见白色坏死灶,肺炎,淋巴结炎
类圆线虫病	4~10 日龄仔猪	不固定	呼吸困难,中枢神经症状	肠粘膜点状出血
球虫病	6~15 日龄仔猪	腹泻不止,粪便呈水样、灰黄色,有恶臭味	消瘦,被毛粗乱,发病率不等,病死率高,在 8~9 月份多发	纤维素性坏死性肠炎;空肠、回肠粘膜上有异物,大肠无变化
低血糖症	1~5 周龄仔猪	水样腹泻	虚弱不活泼,体温低,有神经症状	胃空虚

附表 2　仔猪呼吸困难和咳嗽疾病的鉴别诊断

疾病名称	发病日龄	特征性症状	其他症状
传染性萎缩性鼻炎	5 周龄以上	喷嚏,呼吸困难,偶有发热,仔猪病死率高,眼下见泪痕,鼻漏,鼻偏歪	鼻甲骨萎缩,流浆液性或脓性分泌物
巨细胞病毒病	2～5 周龄	喷嚏,呼吸困难,肺水肿,肾、淋巴结点状出血	轻度鼻炎,皮下水肿,点状出血,肺水肿
猪接触传染性胸膜肺炎	1 周龄以上	呼吸困难,咳嗽,发热,厌食,跛行	肺前部膨胀不全,质地坚实,心包炎,关节炎
猪肺疫	1 周龄以上	呼吸困难,咳嗽,有痰,发热,全身皮肤红斑,指压不完全褪色,精神沉郁,病死率中等	咽喉炎性水肿、出血变化,气管中有多量泡沫,淋巴结肿大,脾无明显病变
猪流感	断奶后	呼吸困难,阵发性咳嗽,高热,发病率高,病死率低,传播快,极度衰弱,厌食	一般无死亡
猪气喘病	1 周龄以上	呼吸困难,活动后咳嗽明显,干咳,发热,厌食	肺实变、膨胀不全,肺炎病变
猪链球菌病、猪鼻支原体病	仔猪和成年猪	呼吸困难,无咳,粘膜发绀,发热,跛行,运动失调,步态僵硬	纤维素性到浆液性纤维素性胸膜炎,心包炎,关节炎,脑膜炎
猪瘟	各种年龄的猪	呼吸困难,咳嗽,喷嚏,发热	全身败血性病变
猪腺病毒病	1 月龄以内	咳嗽,干咳,有痰,发热,发病率低	无明显变化

疾病名称	发病日龄	特征性症状	其他症状
猪曲霉菌病	断奶仔猪	呼吸困难,咳嗽,发热,厌食,精神沉郁	无明显病变
猪坏死性鼻炎	1月龄以上的仔猪	呼吸困难,喷嚏,偶有发热,由蜱传染,多发于夏季	鼻腔粘膜充血、坏死
猪分枝杆菌病	断奶仔猪	咳嗽,干咳,呼吸困难,发热	肺、肠肉芽肿
组织胞浆菌病	断奶仔猪	咳嗽,干咳,呼吸困难,发热	肺肉芽肿
猪繁殖-呼吸综合征	仔猪	呼吸困难,咳嗽,发热,食欲不振,耳朵发绀,母猪流产,死胎	病死仔猪头部水肿,胸腔、腹腔有积水
弓形虫病	各种年龄的猪	呼吸困难,咳嗽,流涕,高热,精神不振	肺萎缩不全,水肿,肺切面有带泡沫的液体,肝肿大,全身淋巴结肿大
亚硝酸盐中毒	1月龄以上的仔猪	呼吸困难,咳嗽,无热,肌肉震颤,粘膜发绀,皮肤呈紫色,病急死亡快,群发或散发	血凝不良,胃底弥漫性出血,心肌苍白,肺气肿,肝显著肿大
猪副伤寒	断奶3天以后	呼吸困难,咳嗽,有痰,发热,肠炎,腹泻等,发病率中,病死率高	肺膨胀不全,质地坚实,肠充血、坏死
猪伪狂犬病	2月龄以下的仔猪	呼吸困难,咳嗽,有痰,发热,神经症状,5~9日龄仔猪严重	肉眼变化不明显,咽炎,坏死性扁桃体炎,肝有白色小坏死灶

附表3　断奶后仔猪及成年猪跛行疾病的鉴别诊断

临床症状	病　因
肌肉或软组织肿胀	创伤,败血梭菌感染,背肌坏死,非对称性后躯综合征
全身僵硬,不愿走动,步态改变,发热,常伴有其他败血症状	急性鼻支原体感染,慢性猪副嗜血杆菌感染,急性丹毒,猪链球菌病,感染破伤风杆菌
关节肿胀	慢性鼻支原体感染,慢性猪副嗜血杆菌感染,慢性丹毒,类马沙门氏菌感染,猪滑液支原体感染,葡萄球菌、链球菌、棒状杆菌化脓性关节炎,佝偻病
后肢不全麻痹	布氏杆菌病,佝偻病,软骨症,坐骨结节骨突溶解,股骨近端骺溶解,创伤,脊柱、腰荐或盆骨骨折,椎关节病
关节肿胀,疼痛,跛行	猪滑液支原体感染,骨关节病,股骨近端骺溶解,变性关节病,软骨症,创伤,坐骨结节骨突溶解,腿虚弱综合征,骨折,蹄异常,佝偻病
蹄壁1/4裂缝,痛、热、肿	腐蹄病(棒状杆菌)
蹄部痛、热、肿	蹄叶炎
蹄异常	蹄过度生长,蹄变形,蹄裂缝,蹄踵分离,创伤
蹄壁裂、糜烂、蹄踵挫伤	生物素缺乏
蹄冠、蹄叉水疱	口蹄疫,水疱病

附表 4　哺乳仔猪全身性疾病的鉴别诊断

病　因	母猪临床症状	仔猪病理变化
链球菌、猪沙门氏菌、类马沙门氏菌感染	无	实质器官充血,纤维素性渗出物,淋巴结肿大,脑膜炎,多关节炎
低血糖症	乳腺炎	无肉眼病变,无体脂,胃中无食物
铁中毒	无	肌肉水肿,注射部周围坏死
大肠杆菌性败血症	无	器官可能充血,淋巴结肿大、水肿或变化不大
猪副嗜血杆菌感染	无	纤维素性脑膜炎,心包炎,腹膜炎,关节炎
慢性伪狂犬病	常无,可能有呕吐,流涎,便秘,流产	相对缺少肉眼变化,鼻粘膜充血,坏死性扁桃体炎,肝、脾局灶性坏死
丹毒	常无,可出现发热,跛行,皮肤病变	皮肤弥漫性血停滞
钩端螺旋体病	可能流产,发热,无乳,黄疸	肾有灰白色病灶

附表 5　断奶仔猪及成年猪全身性疾病的鉴别诊断

病　因	临床症状	病理变化
败血性沙门氏菌病	断奶到 4 月龄。发热 40.5℃～41.6℃,少数猪发现时已死亡,扎堆,发病率10%,病死率高,3～4 天后可能腹泻,沉郁,厌食	皮肤弥漫性血停滞,胃粘膜坏死,肝、脾肿大,淋巴结湿润肿大,肝散在粟粒大白色坏死灶,3～4 天后,浆液性到坏死性结肠炎
猪副嗜血杆菌感染	1～4 月龄。发热 40.5℃～42℃,厌食,沉郁,发绀,步态僵硬,不愿动,犬坐姿势,眼睑可能水肿,呼吸困难	纤维素性或浆液性纤维素性脑膜炎,胸膜炎,心包炎,腹膜炎,关节炎

病　因	临床症状	病理变化
猪鼻支原体感染	3～10 月龄。中等发热,沉郁,厌食,不愿动,可能呼吸困难	浆液性纤维素性到纤维素性化脓性心包炎,胸膜炎,关节炎,腹膜炎
水肿病	4～12 周龄,通常是在断奶后 1～2 周。发病率 15%,病死率 50%～90%。少数猪发现时已死亡,步态蹒跚,共济失调,震颤,可能眼睑水肿,体温一般正常	皮下组织、胃粘膜下和结肠间膜水肿,胃充盈,小肠空虚,胸腔、心包、腹腔有浆液性、混有少量纤维素渗出液
丹　毒	3 月龄以上。发热 40℃～42℃,躺卧,不愿起立,沉郁,厌食,皮肤荨麻疹性病变,少数猪发现时已死亡,发绀	弥漫性皮肤血停滞,肺充血,水肿,心外膜出血点,胃炎,肝、脾肿大,关节积液,滑膜增生
猪　瘟	断奶后任何年龄。嗜眠,厌食,沉郁,发热 41.1℃～42.2℃,结膜炎,早期便秘,后期严重水泻,扎堆,可能抽搐,虚弱,步态蹒跚,发绀,少数发现时已死亡,妊娠母猪流产	组织水肿,淋巴结肿胀有出血点,肾、膀胱、喉头、心散在出血斑点,脾梗死,大肠纽扣状溃疡,支气管肺炎或肺充血,胃空虚
黄曲霉毒素中毒	断奶后任何年龄。沉郁,厌食,贫血,黄疸,体温正常	腹水,肿大的脂肪肝到肝坏死和硬化

附录2 猪常用疫(菌)苗

附表6 猪常用疫(菌)苗

疫(菌)苗的名称	预防的疫病	用法和说明	免疫期
猪瘟兔化弱毒疫苗	猪瘟	按瓶签注明的头份使用,每头份加入无菌生理盐水1毫升进行稀释,充分溶解后,不论猪大小均皮下或肌内注射1毫升,4天后产生免疫力;哺乳仔猪产生免疫力不够坚强,必须在断奶后再注射1次	断奶仔猪可达1年以上
猪丹毒弱毒菌苗	猪丹毒	按每头份加入20%铝胶盐水或生理盐水1毫升,充分溶解后,无论猪大小均皮下注射1毫升,7天后产生免疫力	6个月
猪丹毒氢氧化铝菌苗		体重10千克以上的断奶仔猪,皮下注射5毫升;体重10千克以内或未断奶仔猪皮下注射3毫升,间隔45天再注射3毫升,注射后21天产生免疫力	
猪肺疫弱毒菌苗	猪肺疫	按每头份加入20%铝胶盐水或生理盐水1毫升,充分溶解后,不论猪大小均皮下注射1毫升,7天后产生免疫力	6个月
猪肺疫氢氧化铝菌苗	猪肺疫	断奶仔猪不论大小均皮下或肌内注射5毫升,注射后14天产生免疫力	6个月

疫(菌)苗的名称	预防的疫病	用法和说明	免疫期
猪丹毒、猪肺疫氢氧化铝二联菌苗	猪丹毒、猪肺疫	10千克以上断奶仔猪及成年猪皮下或肌内注射5毫升;体重10千克以下仔猪注射3毫升,间隔45天后再注射3毫升,注射后14~21天产生可靠免疫力	6个月
猪瘟、猪丹毒、猪肺疫三联冻干苗	猪瘟、猪丹毒、猪肺疫	按瓶签注明的头份用等量20%铝胶盐水稀释,充分溶解后,不论猪大小均肌内注射1毫升,未断奶仔猪间隔2个月后再注1次,注射后14~21天产生免疫力	猪瘟1年,其他病6个月
仔猪副伤寒弱毒菌苗	仔猪副伤寒	按瓶签注明用20%铝胶盐水稀释,充分溶解后,1月龄以上的健康哺乳仔猪和断奶仔猪,一律耳后浅层肌内注射1毫升。也可按说明书进行口服	9个月
仔猪红痢菌苗	仔猪红痢	按瓶签注明稀释,在疫区于母猪分娩前1个月、前15天各肌内注射1次,通过母源抗体预防仔猪红痢	
猪链球菌氢氧化铝菌苗	猪链球菌病	在疫区60日龄首免,不论猪大小均肌内或皮下注射5毫升,浓缩苗3毫升,21天后产生免疫力。弱毒苗按说明书使用	6个月
猪口蹄疫油佐剂灭活疫苗	猪口蹄疫	严格按说明书肌内注射,注射后14天产生免疫力	4个月
猪乙型脑炎弱毒疫苗	猪乙型脑炎	按瓶签注明稀释,于流行前1~2个月给母猪皮下注射,1个月后产生坚强免疫力	

疫(菌)苗的名称	预防的疫病	用法和说明	免疫期
猪瘟兔化牛体反应冻干疫苗	猪瘟	疫情较稳定场：公猪每年春、秋两次注射，每次 1 头份，母猪配种前注 1 头份，仔猪 20 日龄首免，60 日龄二免各 1 头份。疫情不稳定场：公母猪免疫同上。仔猪 20 日龄首免 1 头份，45 日龄左右二免 1 头份。猪瘟发生场：公母猪免疫同上。仔猪超前免疫 1 头份，35～45 日龄二免 1 头份。上述均皮下或肌内注射	2 月龄以上仔猪 1 年
猪萎缩性鼻炎油佐剂二联灭活菌苗	猪萎缩性鼻炎	母猪产前 4 周注射 2 毫升，新引进未免疫的后备母猪每头 1 毫升，仔猪生后 1 周龄每头 0.2 毫升，4 周龄和 8 周龄每头各注射 0.5 毫升，种公猪每年 2 次，每次 2 毫升，均颈部皮下注射	
猪传染性胸膜肺炎油佐剂灭活菌苗	猪传染性胸膜肺炎	怀孕母猪产前 1 个月 2 毫升/头，仔猪 4 周龄 0.3 毫升/头，间隔 7～10 天，再注射 0.5 毫升/头。种公猪每年 2 次，每次 2 毫升。均颈部皮下或肌内注射	
猪传染性胃肠炎与猪流行性腹泻二联灭活疫苗	猪传染性胃肠炎和流行性腹泻	妊娠母猪产前 20～30 天，后海穴接种 4 毫升，体重 25 千克以下的仔猪 1 毫升，25～50 千克育成猪 2 毫升，50 千克以上成年猪 4 毫升	6 个月
猪流行性腹泻氢氧化铝灭活苗	猪流行性腹泻	母猪于产前 20～30 天后海穴注射 3 毫升/头，10 千克以内仔猪 0.5 毫升/头，10～25 千克 1 毫升/头，25～50 千克 2 毫升/头，50 千克以上 3 毫升/头	6 个月

疫(菌)苗的名称	预防的疫病	用法和说明	免疫期
猪传染性胃肠炎、猪轮状病毒病二联灭活疫苗	猪传染性胃肠炎和轮状病毒病	经产母猪和后备母猪分娩前5~6周和1周肌内注射1毫升/头,新生仔猪吃奶前肌注1毫升/头,30分钟后喂奶。仔猪断奶前7~10天,肌注2毫升/头,架子猪、育肥猪、种公猪肌内注射1毫升/头	分别为1产、1年和半年
猪大肠杆菌K88、K99二价基因工程菌苗	仔猪黄痢	妊娠母猪产前10~20天耳根深部皮下接种1毫升/头	
猪细小病毒病灭活疫苗	猪细小病毒病	初产母猪于每次配种前2~4周,颈部肌内接种2毫升/头,种公猪8月龄首免,以后每年注1次,颈部肌内注射2毫升/头	
猪繁殖-呼吸综合征灭活疫苗	猪繁殖-呼吸综合征	每瓶苗用磷酸盐缓冲液或生理盐水稀释到25毫升。在耳后部肌内注射。种猪在配种前免疫,种猪、育成猪2毫升/头,仔猪1毫升/头	
猪伪狂犬病灭活疫苗(基因缺失苗)	猪伪狂犬病	使用前每瓶苗用灭菌磷酸盐缓冲液或生理盐水40毫升稀释,然后应用。乳猪股内侧肌内接种0.5毫升/头,断奶仔猪股内侧肌内或臀肌接种1毫升/头。成年猪臀肌接种2毫升/头,生产母猪配种前接种,其所生仔猪断奶后再接种1毫升/头	1年

主要参考文献

1 B.E 斯特劳等主编．赵德明等主译．猪病学(第八版)．北京：中国农业大学出版社，2000

2 殷震等主编．动物病毒学(第二版)．北京：科学出版社，1997

3 中国农业科学院哈尔滨兽医研究所主编．兽医微生物学．北京：中国农业出版社，1998

4 中国农业科学院哈尔滨兽医研究所主编．动物传染病学．北京：中国农业出版社，1999

5 白文彬，于康震主编．动物传染病诊断学．北京：中国农业出版社，2002

6 王明俊主编．兽医生物制品学．北京：中国农业出版社，1997

7 于恩庶主编．中国人兽共患病学(第二版)．福州：福建科技出版社，1996

8 蔡宝祥等主编．动物传染病诊断学．南京：江苏科技出版社，1993

9 郑明球，蔡宝祥主编．幼畜幼禽疾病防治手册．上海：上海科技出版社，1995

10 张泉鑫主编．猪病中西医综合防治大全(第二版)．北京：中国农业出版社，2003

11 覃能斌等编著．仔猪科学饲养新技术．北京：中国农业出版社，2003

12 明心中等主编．母猪仔猪疾病防治新技术．南昌：

江西科技出版社,2003

13 李学伍主编·猪病诊断与免疫防治新技术·郑州:中原农民出版社,2002

14 金岳编著·猪繁殖障碍病防治技术·北京:金盾出版社,2002

15 史秋梅等主编·猪病诊治大全·北京:中国农业出版社,2003

16 何诚等·新编猪病诊断与防治·赤峰:内蒙古科技出版社,2004

17 吴增坚主编·养猪场猪病防治(修订版)·北京:金盾出版社,2004

18 刘安典等·养猪与疾病防治手册·北京:金盾出版社,2004

19 杨小燕·现代猪病诊断与防治·北京:中国农业出版社,2004

20 刘洪林等主编·现代养猪大全·北京:中国农业出版社,2003

21 徐世文等主编·猪病科学防治七日通·北京:中国农业出版社,2004

22 崔尚金等主编·断乳仔猪饲养管理与疾病控制专题20讲·北京:中国农业出版社,2004

23 陈焕春主编·规模化猪场疾病控制与净化·北京:中国农业出版社,2000

24 廖延雄主编·兽医微生物实验诊断手册·北京:中国农业出版社,1995

金盾版图书，科学实用，
通俗易懂，物美价廉，欢迎选购